Материалы III международной научно-практической

конференции

Наука в современном информационном обществе

10-11 апреля 2014 г.

North Charleston, USA

Том 2

УДК 4+37+51+53+54+55+57+91+61+159.9+316+62+101+330

ББК 72

ISBN: 978-1499178852

В сборнике представлены материалы докладов III международной научно-практической конференции " Наука в современном информационном обществе "

Все статьи представлены в авторской редакции.

Содержание

Биологические науки

Геолого-минералогические науки

Исторические науки

Медицинские науки

Содержание

Науки о земле

Педагогические науки

Содержание

Социологические науки

Технические науки

Содержание

Фармацевтические науки

Физико-математические науки

Филологические науки

Содержание

Химические науки

Экономические науки

Содержание

Юридические науки

*, **Столбиков А.С., *** Букин Ю.С.**

* кандидат биологических наук. ФГБОУН «Сибирский институт физиологии и биохимии растений» СО РАН, Россия, Иркутск / ** Магистрант. Национальный исследовательский Иркутский государственный технический университет, Россия, Иркутск.
e-mail: valkir5@yandex.ru).
*** кандидат биологических наук. ФГБОУН «Лимнологический институт» СО РАН, Россия, Иркутск.
e-mail: bukinyura@mail.ru).

ИСПОЛЬЗОВАНИЕ БИОИНФОРМАЦИОННЫХ МЕТОДОВ ДЛЯ АНАЛИЗА АНТИГЕНННЫХ ДЕТЕРМИНАНТ ОСНОВНОГО АНТИГЕНОГО БЕЛКА S ВИРУСА ГЕПАТИТА В

Вакцинопрофилактика инфекционных заболеваний человека представляет собой наиболее эффективную, доступную и дешевую систему организационных, медицинских и противоэпидемических мероприятий, обеспечивающих предупреждение возникновения, распространения и ликвидацию инфекционных заболеваний путем проведения среди населения профилактической вакцинации.

Гепатит В – очень распространенная и опасная вирусная инфекция. Каждый год в мире фиксируется 50 млн. заболевших только острой формой гепатита В. Из них до 600 тыс. больных умирает. Из числа последних около 100 тыс. человек погибает от редких, особо фульминантных форм инфекции, смертность от которых достигает 70-90% [1,5]. Число носителей этого заболевания возросло за 10 лет с 200 млн. до 300 млн. человек [2,3358]. Россия относится к регионам с высоким уровнем распространенности ВГВ, что представляет реальную угрозу для здоровья населения. Все эти факты наглядно показывают усиленную экспансию заболевания, которая все более отчетливо начинает приобретать черты пандемии общечеловеческого масштаба.

Массовая вакцинация против ВГВ реально снижает заболеваемость хроническим гепатитом В и частоту бессимптомного носительства вируса гепатита В. Убедительные данные, подтверждающие это положение, получены на Тайване и в Гамбии, где массовая вакцинация новорожденных детей снизила среди них носительство вируса соответственно с 10,5% и 10,3% до 1,7% и 0,6%.

Однако, не смотря на наличие ряда коммерческих, относительно эффективных, вакцин на основе рекомбинатных дрожжевых культур существует определенный процент случаев, когда применение вакцин или вовсе не приводит к иммунизации организма или же вызывает лишь частичную иммунизацию. Это отчасти связано с тем, что в основе создания генетических конструкций кодирующих синтез белка HBs-Ag использовались генетический последовательности наиболее распространенных штаммов вируса гепатита В и не всегда учитывались вариации в строении основного антигенного белка у редких разновидностей ВГВ.

Исходя из всего выше сказанного можно заключить, что необходимо разрабатывать новые поливалентные вакцины против гепатита В способные давать эффективную защиту против максимального количества штаммов ВГВ.

Целью данной работы было попытаться проанализировать различие в аминокислотном составе основной антигенной детерминанты α белка HBs-Ag с помощью биоинформационных методов и программ. Результаты подобного анализа можно использовать при создании перспективных вакцин нового поколения.

Аминокислотные последовательности интересующих нас белков были получены из международной базы данных "**GenBank** Home - National Center for Biotechnology Information", находящейся в свободном доступе. Выравнивание аминокислотных последовательностей проводили с помощью пакета программ BioEdit. Последовательности, предварительно скаченные из генного банка, сохранялись в блокноте, откуда их импортировали в программу BioEdit. С помощью команды "Clustalw Multiple Alignen" проводилось выравнивание, полученные результаты сохранялись в формате fasta. В качестве эталонного образца при выравнивании использовалась последовательность основного антигенного белка вируса гепатита В субтипа ayw, являющегося наиболее распространенным в России (75 - 95%) [3,8]. После выравнивания производили обрезку аминокислотных последовательностей, не относящихся к α детерминанте. Затем с помощью программы BioEdit проводили анализ аминокислотных замен.

С помощью программы SPDBV_4.1.0. были смоделированы третичные структуры полученных из GenBak белков. Для того чтобы удостоверится в том, что аминокислотные последовательности действительно образуют полноценные белковые молекулы в моделях третичных структур каждого уникального белка была изучена энергия взаимодействия аминокислот. Также был проведен сравнительный анализ третичных моделей белков, у которых есть отличия в аминокислотной последовательности α детерминанты с целью выявления конформационных изменений. Отличие в конформации α детерминанты с большой долей вероятности свидетельствуют о различии в степени узнавания эпитопов антигенного белка антителами или вовсе о потере данной способности.

Было проведено 861 вариантов попарного компьютерного моделирования. Моделирование показало, что практически все варианты α детерминанты, у которых произошли аминокислотные замены, имеют отличие в строении электронных облаков. Исходя из этого, можно предположить, что все аминокислотные последовательности, имеющие отличия в α детерминанте обладают разными иммуногенными свойствами. Но так как таких уникальных последовательностей оказалось 42 варианта, то использование их всех для создания кандидатной вакцины показалось, очень громоздкой задачей, поэтому было решено уменьшить их количество. Сокращение вариантов аминокислотных последовательностей не должно было сказаться на широте иммуногенных свойств вакцины. Что бы решить эту задачу, было решено провести филогенетическое анализ аминокислотных последовательностей с цель разбить их на близкие по структуре группы.

Для классификации выделенных последовательностей был применен метод кластерного анализа UPGMA, реализованный в программном пакете PHYLIP. Для такого рода кластерного анализа мы решили использовать матрицу Dayhoff M. PAM (1978), реализованной в программе «protdist» пакета PHYLIP. Используя данную матрицу, мы смогли по характеру замен определить эволюционное расстояние между последовательностями. Для этого мы с помощью программы «protdist» рассчитывали матрицу дистанций для всех 42 последовательностей.

После расчета дистанций строили фенограмма. Для этого обрабатывали данные матрицы дистанций программой **neighbor**. после чего их визуализировали программой **njplot**. Программа **neighbor** использует метод невзвешенного попарного среднего – Unweighted Pair-Group Method Using Arithmetic Averages или сокращенно UPGMA. Перед началом работы алгоритма рассчитывается матрица расстояний между объектами (матрица дистанции). На каждом шаге в матрице расстояний ищется минимальное значение, соответствующее расстоянию между двумя наиболее близкими кластерами. Найденные кластеры ^{u} и ^{v} объединяются, образуя новый кластер ^{k}. Строки и столбцы, соответствующие кластерам ^{u} и ^{v}, выбрасываются из матрицы расстояний, и добавляется новая строка и новый столбец, соответствующие кластеру ^{k}. В результате матрица сокращается на одну строку и один столбец. Эта процедура повторяется до тех пор, пока не будут объединены все кластеры. После расчета дистанций строили фенограмму (рис. 1). Затем мы проводили анализ филогенетического дерева для того, чтобы определить какие аминокислотные последовательности мы можем исключить без потери эффективности кандидатной вакцины. Анализ филогенетического древа показал, что при дистанциях замен больших, чем 0.04 в сравниваемых последовательностях обнаруживаются замены, приводящие к изменению зарядовых свойств аминокислот, либо к изменению полярных свойств аминокислот, либо происходит замена аминокислоты, способной образовывать водородные связи на аминокислоту неспособную образовывать водородные связи. Некоторые атигенные детерминанты с дистанциями ниже, чем 0.04 в различающихся позициях имели в своем составе аминокислоты, близкие по физико-химическим свойствам. Таким образом, после филогенетического анализа число аминокислотных последовательностей, которые можно использовать при создании вакцины против гепатита В сократилось до 33 вариантов.

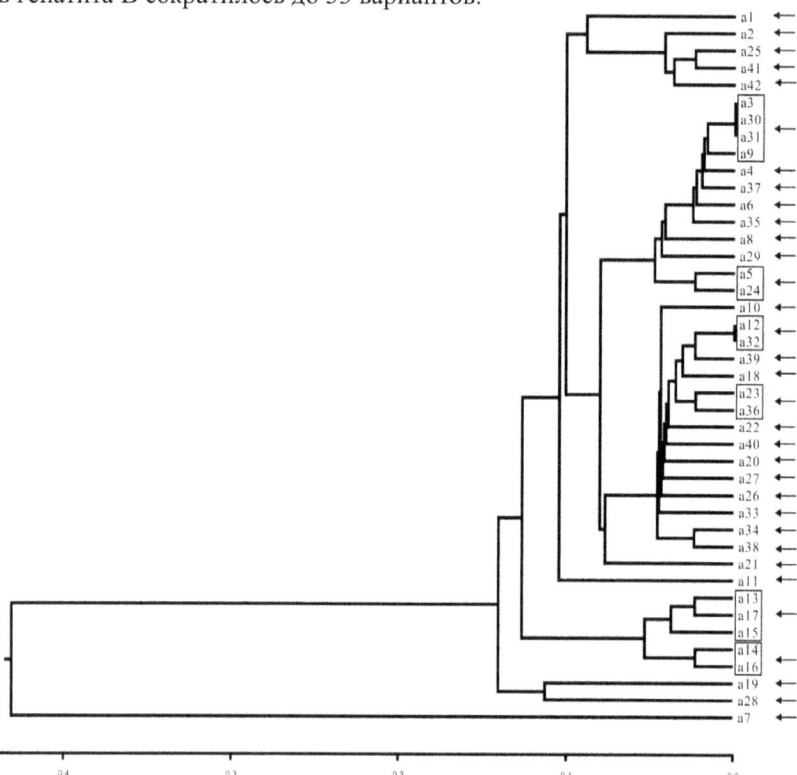

Рис. 1. филогенетическое дерево 42-ух форм вируса гепатита В после анализа, составляющих ее элементов. Стрелками показаны аминокислотные последовательности, рекомендованные к использованию при создании кандидатной вакцины. В рамки взяты варианты детерминант обладающие сходными свойствами.

Таким образом, после филогенетического анализа и анализа аминокислотных замен в последовательностях нами было выделено 33 варианта α – антигенной детерминанты ВГВ, которые, потенциально, могу проявлять разную степень антигенной активности по отношению к антителам, вырабатываемым организмом на дикий тип вируса. Все последовательности отличаются друг от друга заменами, приводящими к значительным изменениям физико-химических свойств в мутантных положениях. Особо пристальное внимание необходимо уделить последовательностям имеющие замены в критически важных для узнавания антителами положениях 143 и 145 белка ВГВ. Все последовательности α – антигенных детерминант нуждаются в детальной экспериментальной проверке на предмет связывания их с антителами специфичными к дикому типу вируса. Результаты данной работы свидетельствуют о возможности успешного применения биоинформационных методов и программа в анализе вирусов и других патогенных организмов, характеризующихся высокой генетической изменчивостью.

Результаты исследования могут быть полезными для работ по созданию кандидатной поливалентной вакцины против гепатита В.

Литература

1. Амосов А.Д. Гепатит В / А.Д. Амосов. – Новосибирск: Изд-во Вектор-Бест, 2006. 132 с.

2. Thanavala Y., Yang Y-F., Lyons P., et al. Immunogenicity of transgenic plant-derived hepatitis B surface antigen // Proc Natl Acad Sci USA. 1995. V.92. №8. P. 3358-3361.

3. Крымский М.А., Крымский Р.М., Буданов М.В., Борисова В.И. Соответствие вакцин против гепатита В типу вируса, превалирующего на территории Российской Федерации. Биофармац. журн. 2010; 2 (5): 8-15.

Кирилина В.М.
канд. биол. наук, доцент, Институт физической культуры, спорта и
туризма, kirilina@petsu.ru
Смирнова Л.Е.
аспирант, Институт физической культуры, спорта и туризма,
lyu15041988@yandex.ru
Кивер Е.Н.
Институт физической культуры, спорта и туризма, hoiya@yandex.ru
Федин А.Н.
доктор биол. наук, профессор, Институт эволюционной физиологии и
биохимии им. И. М. Сеченова РАН fedin_anatoliy_n@mail.ru

ВЗАИМОДЕЙСТВИЯ ТУЧНЫХ КЛЕТОК И ГЛАДКОЙ МУСКУЛАТУРЫ В НИЖНИХ ДЫХАТЕЛЬНЫХ ПУТЯХ

Тучная клетка (ТК) занимает одно из центральных мест в аллергической реакции. Ее изначальная защитная роль заключается в мобилизации иммунной реакции в месте локализации патогенна (аллергена). Большое значение в патогенезе бронхиальной астмы придается функциональному состоянию тучных клеток. Они содержатся в слизистой оболочке бронхов, располагаясь между эпителиальными клетками.

ТК высвобождают гистамин, серотонин, химазу, триптазу и провоспалительные цитокины. Одни медиаторы (гистамин, серотонин) клетки выделяют постоянно, усиливая их выпуск при активации. Другие выделяются главным образом при активации клеток.

ТК являются основным депо эндогенного гистамина (ГА) в организме, действие которого опосредовано Н1, Н2 и Н3-рецепторами. Высвобождение ГА из клеток - одна из первых реакций ткани на повреждение наряду с интенсификацией выделения сенсорных нейропептидов. Гистамин играет важную роль в регуляции иммунного ответа, поскольку Н2-рецепторы присутствуют на самих тучных клетках, цитотоксических Т-лимфоцитах и базофилах. Связываясь с Н2-рецепторами этих клеток ГА тормозит их дегрануляцию. В дыхательных путях ГА является одним из главных медиаторов воспаления и его физиологическая активность проявляется, прежде всего, в увеличении тонуса бронхов и снижении бронхиальной проходимости [4]. Однако спектр действия ГА на активность гладкой мышцы (ГМ) дыхательных путей является гораздо более широким и не ограничивается процессами гиперреактивности и бронхоспазма. Согласно многочисленным исследованиям установлено, что высокие концентрации гистамина, вызывают сократительные ответы, оказывая влияние непосредственно на гладкомышечные клетки через Н1-рецепторы.. В диапазоне низких концентраций гистамин уменьшает амплитуду ответов гладкой мышцы, оказывая дилатационный эффект через H2- и H3-рецепторы. Множественные эффекты гистамина в дыхательных путях связаны и с различными механизмами его действия при влиянии на различные функциональные структуры. Влияние гистамина на гладкую мышцу дыхательных путей происходит с участием интрамуральных ганглиев [1] и через трахеобронхиальные быстро и медленно адаптирующиеся стретч-рецепторы, расположенные в эпителиальном и мышечном слое [2]. Эффект этого медиатора на сосудистую стенку в зоне острого воспаления реализуется главным образом через H1-рецепторы в виде вазодилатации и повышения проницаемости.

Активированные ТК высвобождают триптазу и провоспалительные цитокины, такие как TNF-α (TNFSF2), которые стимулируют продукцию TGF-β1 и в меньшей степени стволового клеточного фактора – СКФ - клетками гладкой мускулатуры, которые стимулируют тучноклеточный хемотаксис [8]. СКФ – хемоаттрактант для ТК и ответственен за регуляцию их роста, развития и функционирования. Рецепторы для СКФ - c-kit – экспрессируются на поверхности тучных клеток, создавая возможность для взаимодействия между 2-мя типами клеток [12]. Кроме того, ГМ может стимулировать ТК хемотаксис через секрецию широкого спектра хемоаттрактантов по средством стимуляции Т-хелплеров (Th1, Th2) [10].

Таким образом, ТК миграция зависит от различных медиаторов, секретируемых ГМ. ТК могут вступать в адгезию к ГМ [21]. Действительно, взаимодействие ТК и ГМ вовлекает ECM (extracellular matrix protein) -клеточное взаимодействие через коллаген, CD44, и CD51. Эта адгезия усиливается в условиях воспаления или при взаимодействии с астматическими ГМ клетками [7].

Большинство ТК, инфильтрующих астматическую ГМ содержат триптазу или химазу. Эти клетки инфильтруют большие и малые респираторные пути и выступают характеристиками хронической активации [5]. Дегрануляция ТК может быть результатом IgE-зависимой активации, особенно при атопических формах астмы. Однако, IgE-зависымый механизм так же возбуждается вследствие взаимодействия ТК и ГМ по средством системы комплемента C3a или SCF, или вследствие бактериальной или вирусной инфекции [9]. ТК-инфильтрация ГМ является специфической чертой для обструктивных болезней легких. В ряде исследований наблюдалась ТК-инфильтрация ГМ при астме и ХОБЛ (хронической обструктивной болезни легких) [17].

Высвобождаемые ТК протеазы - триптазы и химазы - проявляют ряд эффектов, соответсвующих ключевой роли в воспалении, тканевом ремоделировании и бронхиальной гиперреактивности. Триптаза не оказывает эффекта на тонус гладкой мускулатуры, однако увеличивает гладкомышечное сокращение при действии других агонистов, таких как гистамин, серотонин, KCl, которые являются причиной мышечного сокращения, посредством вовлечения вольт-зависимых Ca2+ -каналов. Предполагают, что триптаза высвобождается вместе с гистамином из ТК гранул в процессе дегрануляции.

Триптаза не увеличивает эффект ацетилхолина, который сокращает гладкую мускулатуру без затрагивания мембранного потенциал-зависимого кальциевого транспорта. Т.о., триптаза может оказывать действие на вольт-зависимые Ca2+ -каналы, предположительно, посредством гидролиза Ca2+ -канальных белков или белков, регулирующих кальциевые каналы.

Триптаза инактивирует вазоактивный интестинальный пептид (VIP), являющийся медиатором неадренэргического расслабления в гладкой мышце. В воздухоносных путях человека, которые испытывают недостаток адренэргической иннервации, неадренэргическая ингибиторная система представляет основное расслабляющее влияние.

Тучноклеточная триптаза гидролизует VIP-структуру на две субъединицы (Arg14-Lys-15 и Lys2, - Lys21), чем обусловливает констрикторный эффект. Триптаза легких, расщепляя бронходилататор VIP (но не расщепляя при этом бронхоконстриктор – субстанцию P) способствует бронхиальной гиперреактивности при астме путем уменьшения неадренэргических нервных ингибиторных влияний, опосредованных VIP-структурой.

VIP-структуру способна расщеплять тучноклеточная химаза, но в меньшей степени. Химаза расщепляет и субстанцию P на одиночные остатки (Tyr22 – Leu23 и Phe7 – Phe8, соответственно) [18]. Тучноклеточные протеазы не влияют релаксацию трахеи, вызванную непептидными адренэргическими агонистами – например, изопротеренолом [16].

По-видимому, качественный состав ферментов тучных клеток варьирует в пределах респираторного тракта одного организма в зависимости от локализации. Выяснено, что после 14-тидневной сенсибилизации крыс овальбумином число ТК на протяжении всего респираторного тракта увеличивается и качественный состав ферментов в различных сегментах трахеи обнаруживает различия. Овальбумин-индуцированное сокращение в дистальных сегментах значительно превышало таковое в проксимальных. Предварительная обработка крыс аэрозолем кромогликата натрия значительно снижала овальбумин – индуцированное сокращение дистальных сегментов трахеи. Нордигидрогваяретовая кислота (NDGA) увеличивает овальбумин-индуцированное мышечное сокращение в дистальных сегментах трахеи;

дазоксибен ингибирует сокращение в тех же сегментах. Ни один из этих препаратов не проявляет этих эффектов в проксимальных сегментах трахеи. Мепакрин уменьшал, а индометацин увеличивал овальбумин-индуцированное мышечное сокращение во всех сегментах трахеи. Т.о., сокращение трахеальной мышцы в случае сенсетизации овальбумином, зависит от топографии ткани, процента ее инфильтрации тучными клетками и качественного состава ферментов ТК [15].

Активными участниками взаимодействия между ТК и ГМ являются выделяемые ТК лейкотриены. ЛТВ4 является хемоаттрактантом, стимулирует адгезию и хемотаксис ТК, усиливает экзоцитоз ими протеолитических ферментов, синтез и освобождение свободных радикалов. Лейкотриены ЛТВ4, ЛТС4, ЛТВ4, ЛТЕ4 синергически взаимодействуют с гистамином и ацетилхолином в механизмах развития бронхоспазма. Синтез лейкотриенов тучными клетками человека в основном происходит при аллергических реакциях немедленного типа и начинается после связывания антигена с IgE, фиксированными на поверхности этих клеток. Лейкотриены C4, D4 и E4 раньше объединяли под названием «медленно реагирующая субстанция анафилаксии», поскольку их высвобождение приводит к медленно нарастающему стойкому сокращению гладких мышц бронхов. Ингаляция лейкотриенов C4, D4 и E4, как и вдыхание гистамина, приводит к бронхоспазму, однако лейкотриены вызывают этот эффект в 1000 раз меньшей концентрации. Лейкотриены C4, D4 и E4 стимулируют сокращение гладких мышц бронхов.

Другие биологически активные вещества, выделяемые тучными клетками также оказывают значительное влияние на гладкомышечные клетки дыхательных путей. Интерлейкин-4 (ИЛ-4) и ИЛ-13 индуцируют бронхиальную гиперреактивность и увеличивают величину агонист-индуцированного интрацеллюлярного кальциевого ответа [14]. Фактор активации тромбоцитов вызывает сильный бронхоспазм, эозинофильную инфильтрацию слизистой дыхательных путей и повышение реактивности бронхов, которая может сохраняться в течение нескольких недель после однократной ингаляции. Высвобождается аденозина при дегрануляции тучных клеток приводит к повышению уровня цАМФ и констрикторного эффекта.

Таким образом, с одной стороны, ТК изменяют функциональные и фенотипические свойства ГМ (ТК медиаторы вызывают гипереактивность и ремоделирование ГМ). С другой стороны, ГМ клетки изменяют функциональные и фенотипические свойства ТК. Клетки ГМ могут способствовать нормальному функционированию ТК, создавая благоприятное для них микроокружение [6, 11,19, 20].

Можно заключить, что изучение особенностей взаимодействия тучных клеток и гладкой мускулатуры нижних дыхательных путей представляет важное значение для установления полной картины патогенеза астмы и обструктивных болезней легких на молекулярном и клеточном уровнях. Данная проблема не изучена в полной мере на сегодняшний день, не раскрыты на молекулярном уровне особенности взаимодействия медиаторов тучных клеток с гладкомышечной клеткой. В то время как ТК представляют собой главный очаг местной аллергической реакции, трансмиттеры которой оказывают мультинаправленное действие на клетки ГМ, опосредованное различными способами взаимодействия и проявляющееся преимущественно генерализованным спазмом гладкой мускулатуры респираторных путей.

Литература:

1. Федин А.Н. Функциональные характеристики нейронов ганглиев нижних
дыхательных путей. Успехи физиол. наук // 2001. № 1. с. 96-96.
2.Федин А.Н., Алиева Е.В., Ноздрачев А.Д. Реакции гладкой мышцы трахеи на гистамин // *Рос. Физиол. журн.* 1997. № 7. с. 102-108.
3.Чучалин А. Г. Бронхиальная астма — М.: Медицина, 1985. 160 с., ил.
4.Лолор-младший Г., Фишер Т., Адельман Д. Клиническая иммунология и аллергология / Пер. с англ. - М.: Практика, 2000. - 806 с.
5.Amin K., Janson C., Boman G., and Venge P. The extracellular deposition of mast cell products is increased in hypertrophic airways smooth muscles in allergic asthma but not in nonallergic asthma. Allergy, 2005; vol. 60, no. 10, pp. 1241–1247.
6.Annaïg Ozier, Benoit Allard, Imane Bara, Pierre-Olivier Girodet, Thomas Trian, Roger Marthan, and Patrick Berger. The Pivotal Role of Airway Smooth Muscle in Asthma Pathophysiology. Journal of Allergy
August 2011 (2011); Volume 30, Article ID 742710, 20 pages.
7.Begueret H., Berger P., Vernejoux J. M., Dubuisson L., Marthan R., and Tunon-De-Lara J. M. Inflammation of bronchial smooth muscle in allergic asthma. Thorax, 2007; vol. 62, no. 1, pp. 8–15.
8.Berger P., Girodet P. O., Begueret H. et al. Tryptase-stimulated human airway smooth muscle cells induce cytokine synthesis and mast cell chemotaxis. The Faseb Journal, 2003; vol. 17, no. 14, pp. 2139–2141.
9.Bradding, A. F. Walls, and S. T. Holgate. The role of the mast cell in the pathophysiology of asthma. Journal of Allergy and Clinical Immunology, 2006; vol. 117, no. 6, pp. 1277–1284.
10.Brightling C. E., Ammit A. J., Kaur D. et al. The CXCL10/CXCR3 axis mediates human lung mast cell migration to asthmatic airway smooth muscle. American Journal of Respiratory and Critical Care Medicine, 2005; vol. 171, no. 10, pp. 1103–1108.
11.Brightling C. E., Bradding P., Symon F. A., Holgate S. T., Wardlaw A. J.,

and Pavord I. D. Mast-cell infiltration of airway smooth muscle in asthma. The New England Journal of Medicine, 2002; vol. 346, no. 22, pp. 1699–1705.

12. Brightling CE, Ward R, Woltmann G, et al. Induced sputum inflammatory mediator concentrations in eosinophilic bronchitis and asthma. Am J Respir Crit Care Med, 2000; 162, pp. 878-882.

13.Christopher E. Brightling, M.B., B.S., Peter Bradding, D.M., Fiona A. Symon, Ph.D., Stephen T. Holgate, M.D., D.Sc., Andrew J. Wardlaw, Ph.D., and Ian D. Pavord, D.M. Mast-Cell Infiltration of Airway Smooth Muscle in Asthma. N Engl J Med, 2002; 346:1699-1705.

14.Crivellato E., Travan L., Ribatti D. Mast cell and basophils: a potential link in promoting angiogenesis during allergic inflammation. Int. Arch Allergy Immunol, 2010; 151, pp. 89-97.

15.De Boer WI, van Schadewijk A., Sont JK, Sharma HS, Stolk J, Hiemstra PS, van Krieken JH. Transforming growth factor beta-1 and recruitment of macrophages and mast cells in airways in chronic obstructive pulmonary disease.   Am J Respir Crit Care Med, 1988 Dec; 158(6), pp. 1951 – 7.   16.De Lima WT, da Silva ZL. Contractile responses of proximal and distal trachea segments isolated from rats subjected to immunological stimulation: role of connective tissue mast cell. Gen Pharmacol., 1988 May;30 (5), pp. 689. – 95.   17.Judith Black, M.B., B.S., Ph.D. The Role of Mast Cells in the Pathophysiology of Asthma. N Engl J Med, 2002 May; 346, pp. 1742-1743.

18.Kobayashi M, Kume H, Ogume T, Makino Y, Ito Y, Shimokata K. Mast cell tryptase causes homologous desensitization of beta-adrenoreceptors by Ca^{2+} sensitization in tracheal smooth muscle. Clin Exp.Allergy, 2008 Jan; 38(1), pp. 135-44.

19.Saunders R., Sutcliffe A., Woodman L. et al. The airway smooth muscle CCR3/CCL11 axis is inhibited by mast cells. Allergy, 2008; vol. 63, no. 9, pp. 1148–1155.

20.Woodman L., Siddiqui S., Cruse G.et al. Mast cells promote airway smooth muscle cell differentiation via autocrine up-regulation of TGF-β1. Journal of Immunology, 2008; vol. 181, no. 7, pp. 5001–5007.

21.Yang W., Kaur D., Okayama Y. et al. Human lung mast cells adhere to human airway smooth muscle, in part, via tumor suppressor in lung cancer-1. Journal of Immunology, 2006; vol. 176, no. 2, pp. 1238–1243.

Нурминский[1] Г.Н., Баранов[2] С.И., Нурминский[1,3] В.Н.

[1]Национальный исследовательский Иркутский государственный технический университет
[2]Иркутский государственный университет путей сообщения
[3]Сибирский институт физиологии и биохимии растений СО РАН

ПРОГРАММНОЕ ОБЕСПЕЧЕНИЕ ДЛЯ АВТОМАТИЗАЦИИ ОБРАБОТКИ ДАННЫХ ФЛУОРЕСЦЕНТНОЙ МИКРОСКОПИИ ПРИ ОЦЕНКЕ МИКРОВЯЗКОСТИ БИОЛОГИЧЕСКИХ МЕМБРАН

Биологические мембраны представляют собой сложные высокоорганизованные надмолекулярные структуры, ограничивающие клетки и органеллы, это пленки толщиной 5-10 нм, состоящие главным образом из белков и липидов. Согласно современному представлению концепция строения клеточной мембраны отражает динамическую реструктуризацию с формированием высокоуровневых кластеров. Важной особенностью оказалась возможность образования вокруг определенных белков специфических областей, обогащенных гликосфинголипидами, стеринами и липидами с насыщенными жирными кислотами [1,1]. Эти микродомены липидного бислоя клеточной мембраны, участки плотно-упакованных липидов, имеют чуть большую толщину и поэтому как бы плавают на поверхности жидкого фосфолипида.

Режим функционирования мембраны сильно зависит от микровязкости липидного бислоя и подвижности фосфолипидных молекул в мембране, фазового состояния мембранных липидов [2,198]. Динамическая подвижность мембранных компонентов связана с их биологическим функциями и является залогом их нормального функционирования [3,82]. В последнее время при изучении мембран все чаще оценивают физическое состояние (измеряют микровязкость – т.е. вязкость в малых объёмах среды) липидной фазы клеточных мембран.

Одним из способов оценки микровязкости биологических мембран является использование флуоресцентных зондов в спектроскопии или микроскопии. При этом об изменении микровязкости липидов в мембранах судят по параметрам флуоресценции липофильных зондов (например, ДФГ, ТМА-ДФГ, лаурдан и др.), включенных в липидный бислой изолированных мембран.

Липидный бислой не является просто вязкой трехмерной жидкокристаллической структурой, а представляет собой жидкую среду с низкой вязкостью, у которой состав и динамические свойства в центральной области сильно отличаются от состава и свойств периферических полярных участков. Вращательная подвижность молекулы зонда в мембране не изотропна, как это имеет место в случае сферических частиц, не обладающих выделенной осью вращения, а до определенной степени ограничено [4,210]. Часто зонды внутри мембраны имеют предпочтительную ориентацию и их движения ограничены определенными рамками. Локализация разных зондов в мембране зависит от их природы, так что, подбирая зонды различной структуры, можно получать информацию от различных участков мембран. Например, зонд может быть связан с белковой молекулой или белковыми агрегатами, или располагаться внутри липидных кластеров, которые могут находиться в различных физических состояниях.

Микровязкость мембраны можно оценить по изменениям спектров флуоресценции (в случае применения зонда лаурдан), а также по степени поляризации (Р) флуоресцентного излучения при освещении мембраны поляризованным светом (при использовании зондов АНС, бис-АНС, ДФГ и ТМА-ДФГ и др.).

В первом случае определяют величину генерализованной поляризации (GP) флуоресценции зонда лаурдан. Лаурдан реагирует характерным сдвигом флуоресценции с 440 нм до 490 нм, если молекула зонда окружена молекулами воды, что имеет место в жидко-кристаллической фазе липидов, в отличие от более плотноупакованной гелевой фазы [5]. Таким образом, по значениям GP лаурдана можно составить представление о микровязкости мембраны в гидрофильно-гидрофобной области липидного бислоя. В случае использования зондов АНС, ДФГ, ТМА-ДФГ измеряют их вращательную подвижность внутри липидной фазы мембран по поляризации флуоресценции. Для этого измеряют величину анизотропии флуоресценции зонда.

В исследовании микровязкости мембран с использованием конфокальной микроскопии возникают сложности, связанные с обработкой большого массива данных, получаемых от конфокального микроскопа. Данные представляют собой изображения, отражающие информацию об интенсивности флуоресценции или файл данных с информацией о количестве испускаемых в результате флуоресценции фотонов в каждом пикселе изображения.

Для автоматизации расчетов биофизических параметров при исследовании микровязкости биологических мембран с помощью флуоресцентной микроскопии разработан программный продукт.

Он позволяет выполнять следующее:

- Загрузить полученные на микроскопе данные о флуоресценции мембранного препарата и отобразить их как изображения для каждого канала.

- Сохранить полученные изображения.

- Выбрать необходимые участки для анализа на изображении мембранного препарата.

- Проанализировать полученные данные.

- Построить гистограмму распределения значений исследуемого параметра (GP или анизотропия).

В ходе разработки была решена проблема с отображением исследуемых данных. Перед обработкой данных производится сведение двух каналов по средству выбора максимального значения в каждой точке по минимальному пределу.

Анализ включает в себя расчет значений GP или анизотропии флуоресценции мембранного зонда по каждому пикселю изображения мембранного препарата, полученного на лазерном сканирующем микроскопе.

Значения генерализованной поляризации (GP) лаурдана рассчитывали по формуле:

$$GP = \frac{I_{440} - I_{490}}{I_{440} + I_{490}},$$

где I_{440} и I_{490} интенсивность излучения при 440 и 490 нм соответственно.

Значения анизотропии (r) липидного зонда рассчитывали по формуле:

$$r = \frac{I_{\parallel} - I_{\perp}}{I_{\parallel} + 2 \cdot I_{\perp}},$$

где $I_{\parallel}$ и $I_{\perp}$ интенсивность испускания, когда регистрирующий поляризатор ориентирован параллельно направлению поляризованного возбуждения, и интенсивность испускания, когда поляризатор перпендикулярен к возбуждению, соответственно, при возбуждении образца вертикально поляризованным светом.

Программа существенно ускоряет обработку данных флуоресцентной микроскопии при изучении микровязкости мембран.

Литература

1. Веснина Л.Э. Липидные рафты: роль в регуляции функционального состояния клеточных мембран // Актуальні проблеми сучасної медицини: вісн. Укр. мед. стоматолог. акад., 2013.– Т. 13 (2) – С. 5-10.

2. Антонов В.Ф., Козлова Е.К., Черныш А.М. Физика и биофизика: учебник.– М.: ГЭОТАР-Медиа, 2013.– 472 с.

3. Болдырев А.А., Кяйвяряйнен Е.И., Илюха В.А. Биомембранология: Учебное пособие.– Петрозаводск: Изд-во Кар НЦ РАН, 2006.– 226 с.

4. Геннис Р. Биомембраны: Молекулярная структура и функции: Пер. с англ.– М.: Мир, 1997.– 624 с.

5. Gaus K., Zech T., Harder T. Visualizing membrane microdomains by Laurdan 2-photon microscopy // Mol. Membr. Biol.– 2006.– V. 23(1).– P. 41-48.

Волков С.А. - студент ФГБОУ ВПО «ВятГУ», г. Киров
Бессолицына Е.А. - доцент каф. Микробиологии, ФГБОУ ВПО «ВятГУ», г. Киров
Столбова Ф.С. - доцент каф. экологии и пчеловодства ФГБОУ ВПО "Вятская ГСХА", г. Киров
Дармов И.В. - профессор каф. Микробиологии ФГБОУ ВПО «ВятГУ», г. Киров

ОПРЕДЕЛЕНИЕ УРОВНЯ ЗАРАЖЕННОСТИ КЛЕЩЕЙ ВОЗБУДИТЕЛЯМИ РОДА *ANAPLASMA* В КИРОВСКОЙ ОБЛАСТИ В 2007 – 2013 ГОДАХ

Анаплазмоз – трансмиссивная, природноочаговая, инфекционная болезнь крупного и мелкого рогатого скота и филогенетически родственных им диких жвачных (парнокопытных), вызываемая возбудителями порядка *Rhickettsiales*, семейства *Anaplasmatacea*, рода *Anaplasma*. Анаплазмоз вызывают: у крупного рогатого скота и родственных ему диких животных – *A. marginale* и *A. centrale*; у овец, коз и родственных им диких животных – *A. ovis*. Заболевание животных анаплазмозом наблюдают в любое время года. Заболевание протекает остро, подостро, хронически с переходом в длительное (практически пожизненное) анаплазмоносительство и сопровождается глубокой анемией аутоиммунной природы, лихорадкой постоянного или перемежающегося типа, рецидивами, расстройством работы сердца, органов дыхания и желудочно-кишечного тракта с последующим истощением и гибелью животного.

Наличие возбудителей анаплазмоза чаще всего обнаруживается при исследовании мазков крови, окрашенных по Романовскому-Гимзе, обнаруживают круглые включения величиной 0,2-1,2 мкм темно - фиолетового цвета. Располагаются в эритроцитах (преимущественно на периферии, иногда ближе к центру). В одном эритроците может быть от одного до четырех включений. Пораженность эритроцитов составляет 3-40%, иногда до 80% [3, 245]. По морфологии анаплазмы в световом микроскопе напоминает кокковидные формы риккетсий. Анаплазмы, как и риккетсии, являются внутриклеточными паразитами, размножаются в цитоплазме эндотелиальных и мезотелиальных клеток [1, 3–8].

Многочисленность переносчиков, включающих клещей надсемейства *Ixodoidea* и кровососущих насекомых, широко распространенных на земном шаре, обусловливает широкий ареал возбудителей [2, 83].

Хотя впервые анаплазмоз был обнаружен у сельскохозяйственных животных, в последнее время все чаще появляются сообщения о заболевании анаплазмозом домашних животных, таких как собаки и кошки. Так как эти животные тесно взаимодействуют с человеком, высок риск передачи заболевания. Таким образом, возрастает роль своевременного и быстрого определения зараженности домашних животных [7]. Выявлены случаи заболевания анаплазомозом человека [8, 107].

Целью данного исследования является определение процента зараженности клещей бактериями рода *Anaplasma*, собранных на территории Кировской области, с помощью метода ПЦР. Данный метод является точным, быстрым и относительно дешевым, что обуславливает возможность его широкого применения в клинической и ветеринарной практике.

Нами были исследованы клещи видов *Ixodes persulcatus* и *Dermacentor reticulatus*, наиболее широко распространенных в Кировской области. Сбор клещей проводили с растительного покрова на движущегося учетчика и флаг или волокушу из вафельной ткани размером 60x100 см [4, 154], а также с людей и домашних животных (собак, кошек). Клещи были собраны в период с 2007 по 2013 годы в различных районах Кировской области.

Идентификацию клещей, выделенных из природных источников, проводили по определительным таблицам Н.А Филипповой [5, 39].

Для идентификации бактерий рода *Anaplasma* был применен метод ПЦР, последовательности ДНК возбудителей были найдены в базе данных NCBI. [9] Затем были подобраны специфические пары праймеров для постановки реакции. Суммарную ДНК экстрагировали с помощью гуанидинтиоизоцианатного метода [6, 420] из клещей, фиксированных в 70% этиловом спирте.

Продукты амплификации разделяли в 6% нативном полиакриламидном геле, гель окрашивали бромистым этидием [6, 420].

По результатам исследования процент зараженности в 2007 году составил 50% (1 из 2), в 2008 – 17,8% (8 из 45), в 2009 – 20% (1 из 5), в 2010 –4% (1 из 25), в 2011 – 25,4% (15 из 59), в 2012 – 16,9% (11 из 65), в 2013 – 20,3% (12 из 59). Больший процент зараженности в 2007 году можно объяснить малой выборкой, так же как и процент зараженности в 2009 году. Также, низкий процент зараженности в 2010 году можно объяснить аномально жаркой погодой, которая угнетающе действовала на клещей. Вместе с тем, можно проследить постепенное повышение процента зараженности клещей возбудителями рода *Anaplasma*.

По районам Кировской области зараженность клещей анаплазмами распределилась следующим образом: наибольший процент зараженности в Кирово – Чепецкий районе – 42,9% (3 из 7); затем идут: г. Киров – 40,7% (11 из 27), Фаленский – 33,3% (1 из 3), Котельнический – 28,6% (6 из 21), Слободской – 26,7% (8 из 30), Советский – 22,2% (2 из 9), Зуевский – 22,2% (4 из 18), Оричевский – 15,7% (8 из 51), Кильмезьский – 14,3% (1 из

7), Тужнинский – 8,9% (4 из 45) Юрьянский – 5,9% (1 из 17). Средняя зараженность клещей вида *Ixodes persulcatus* составляет 22%, клещей вида *Dermacentor reticulatus* – 4,25%.

Таким образом, исследование клещей на предмет носительства анаплазм является важным исследованием, позволяющим контролировать распространение заболевания. Кроме того, предложенная методика ПЦР является быстрой и относительно недорогой, что является немаловажным при широком использовании.

Список использованной литературы

1. Ананьев О. П., Сулейменов Т. Т. Получение растворимых антигенов *A. ovis* различными методами // Эпизоотология, иммунитет, диагностика и химиопрофилактика паразитов сельскохозяйственных животных в Казахстане. Алма-Ата, 1984. – с. 3–8.
2. Бондаренко А.Л. Клещевой энцефалит: учебное пособие для студентов медицинских ВУЗов/ А.Л. Бондаренко, Е.О. Утенкова, И.В. Зыкова, Л.В. Опарина// Киров: Кировская государственная медицинская академия. – 2005. – с. 83.
3. Дзасохов Г.С. Диагностика протозойных болезней животных. М.: Сельхозгиз, 1959 – с. 245.
4. Иерусалимский А.П. Клещевой энцефалит/ Иерусалимский А.П.// Руководство для врачей. – Новосибирск, 2001 – с. 154.
5. Рудакова С.А. Иксодовые клещевые боррелиозы в Западной Сибири (этиология, эпидемиология, клиника, диагностика, лечение и профилактика): / Рудакова С.А., Оберт А.С., Дроздов В.Н. .. Пособие для врачей. – Омск.: «ЦИО», 2004. – с. 39.
6. Филиппова Н.А. Таежный клещ *Ixodes persulcatus Schulze* (Acrana, Ixodidae): морфология, систематика, экология, медицинское значение / Филиппова Н.А. – Ленинград: Наука, 1985. – с. 420.
7. Ehrlichiosis, Babesiosis, Anaplasmosis and Hepatozoonosis in Dogs from St. Kitts, West Indies. Patrick J. Kelly, Chuanling Xu, Helene Lucas, Amanda Loftis, Jamie Abete1, Frank Zeoli1, Audrey Stevens, Kirsten Jaegersen, Kate Ackerson, April Gessner, Bernhard Kaltenboeck, Chengming Wang. / PLOS ONE , January 2013,Volume 8, Issue 1, e53450]
8. К.А. Куликова, О.Ю. Леонтьева, Т.М. Веселова, Л.В. Вепрева КЛИНИЧЕСКИЙ СЛУЧАЙ ГРАНУЛОЦИТАРНОГО АНАПЛАЗМОЗА ЧЕЛОВЕКА НА ТЕРРИТОРИИ АРХАНГЕЛЬСКОЙ ОБЛАСТИ // ЖУРНАЛ ИНФЕКТОЛОГИИ – 2012, Том 4, № 3 стр. 107 - 108
9. PubMed [Электронный ресурс] // The National Center for Biotechnology URL: http://www.ncbi.nlm.nih.gov/pubmed/

Коломиец В.Л.
кандидат геолого-минералогических наук, kolom@gin.bscnet.ru
Геологический институт СО РАН, г. Улан-Удэ
Бурятский государственный университет, г. Улан-Удэ

ТУНКИНСКАЯ РИФТОВАЯ ВПАДИНА В НЕОПЛЕЙСТОЦЕНЕ: ГЕОЛОГИЯ И ИСТОРИЯ ФОРМИРОВАНИЯ ОСАДОЧНЫХ ТОЛЩ

Юго-западная часть Байкальской рифтовой зоны представлена Тункинской системой рифтовых впадин, состоящей из шести отдельных, слегка овальных в плане долин, отделенных одна от другой цокольными горными перемычками. В геологическом плане наиболее интересна собственно Тункинская котловина, соответствующая максимальному расширению всей структуры и занимающая центральное положение. Днище котловины состоит из пологонаклонных предгорных волнообразных пролювиальных равнин, развитых вдоль подножий хребтов Тункинские Гольцы и Хамар-Дабан, аллювиального комплекса р. Иркут, а также куполообразного песчаного массива Бадар.

Отложения неоплейстоценового аллювиального террасового комплекса р. Иркут характеризуются широким разнообразием литологического спектра – от крупных алевритов (средневзвешенный размер частиц, х=0.04 мм) до крупных галечников (х=53.4) с общим преобладанием песчаных размерностей, где доминируют мелко- (х=0.2) и среднезернистые (х=0.3) пески. Набор текстурно-структурных признаков (преобладание горизонтальной и косой слоистости, хорошая сортированность осадков, небольшая асимметрия распределения в сторону крупных частиц, форма кумулятивных кривых механического состава и наличие на них двух точек перегиба), безусловно, свидетельствует об отложении таких песков в крупном водном бассейне. Подтверждением этому являются показатели коэффициента вариации, принадлежащие полю значений от 0.4 до 2.0, что соответствует турбулентным речным и донным течениям с сезонными колебаниями водности.

По палеопотамологическим данным ввиду общего преобладания в руслоформирующих фракциях мелко-среднезернистых песков, становится очевидным основной способ транспортировки частиц путем сальтации, а также переносом мелкого субстрата во взвешенном состоянии. Исходя из высокого суммарного процента песчаных фракций (до 90%) и диапазона зерен, отложение происходило в прибрежной полосе акватории озерных проточных водоемов. Впадающие в озера реки (ввиду подпора) имели малые уклоны палеорусел (в среднем от 1 до 5 м/км), в меженный период скорость течения их была относительно небольшой (0.4–0.6 м/с). Максимальные глубины достигали на перекатах 1 м. По вычисленным значениям числа Фруда (Fr=0.05–0.2) данные водотоки имели равнинный, а также полугорный с развитыми аккумулятивными формами типы палеорусел с площадью водосбора >100 км². Вместе с тем, для песчаных толщ характерно также некоторое количество тонкозернистых песков и алевритов (x=0.04–0.06) с неотчетливой горизонтальной слоистостью, накопление которых могло осуществляться в стационарной среде с субламинарным режимом осаждения при критических минимальных скоростях движения наносов (0.26 м/с) в относительно более глубокой части (10–12 м) озерного водоема.

Таким образом, по фациально-генетической природе изучаемые отложения относятся к водному парагенетическому ряду: 1) русловым и пойменным фациям речной макрофации, формировавшимся в умеренно турбулентных однонаправленных потоках со значительной длиной сальтационной транспортировки; 2) озерным пескам области малой волновой переработки и ламинарно-слаботурбулентного придонного течения с переносом во взвешенном состоянии (береговые и прибрежные фации лимнической макрофации).

Песчаный массив Бадар расположен в центральной части Тункинской депрессии и состоит из субгоризонтальных тонкослоистых мелкозернистых (x=0.12–0.2) и средне-мелкозернистых (x=0.23–0.35) псаммитов с немногочисленными линзовидными прослоями крупно-грубозернистого песка и мелкого гравия. Согласно коэффициенту сортировки Траска (S_0=1.30–1.76) и стандартному отклонению (σ=0.06–0.23) отложения особенно хорошо, совершенно и очень хорошо сортированы, асимметричны (S_k<1, α>0) со сдвинутой модой в сторону крупных частиц (относительно высокая энергетика среды седиментации). Параметры коэффициента вариации осадков (ν=0.27–0.80) определяют аквальный характер бассейна седиментации.

Минимальные значения скоростей сдвига водного потока, при которых отложения начинали перемещаться, составляли 0.27–0.35 м/с, новая их аккумуляция наступала с уменьшением придонной скорости до 0.17–0.21 м/с. Глубины палеопотоков, изменялись от 0.3–1.1 м в меженный период до 0.9–2.2 м в момент полного заполнения водой русел в одних и тех же точках. Ширина потоков варьировала уже в более значительных пределах – от 6 до 36 м. Полученные нами поверхностные скорости потоков равны 0.3–0.45 м/с.

Для разреза характерно наличие пологой слоистости, что подтверждается вычисленными значениями универсального критерия Ляпина (>0.2), являющегося показателем грядового перемещения наносов на дне потока, и, как следствие, – подтверждением наклонной слоистости в отложениях. При этом на дне могли возникать мелкогрядовые подвижные формы руслового рельефа высотой до 0.16 м, длиной до 2 м и скоростью перемещения 0.10–0.16 мм/с. Учитывая зависимость между высотой гряд и показателем порядка потока (номограмма Ржаницына), такие русла соответствуют VI–VII порядку, что совпадает с современным порядком р. Иркут. Продольные уклоны палеорусел составляли 0.2–0.4 м/км. Значения числа Лохтина (1.5–2.0) свидетельствуют о приближении исследуемой водной системы к конечному водоему (придельтовые условия). Коэффициент шероховатости описывает подобные потоки как естественные постоянные русла равнинного типа в благоприятных условиях состояния ложа и свободного течения воды. Равнинный тип русла подтверждает и число Фруда (Fr<0.1); площадь водосбора составляла при этом не менее 100 км^2.

Все приведенные выше аргументы позволяют утверждать о накоплении песчаного массива Бадар в условиях подводной дельты палеореки, впадающей в мелководный проточный озерный водоем. Осадочный материал доставлялся крупным потоком, разделенным на рукава, порядок которого был близок к порядку современной р. Иркут, а также и более мелкими потоками.

Спорово-пыльцевой спектр, полученный из нижних горизонтов массива, характеризует условия его накопления в финале раннего – начале среднего неоплейстоцена. В этот период здесь произрастали сосново-березовые леса с темнохвойными породами (*Tsuga* sp., *Taxodiaceae*) и небольшими примесями *Fagus* sp., *Ulmus* sp., *Corylus* sp. Среди травянистой растительности подлеска доминируют мезофиты (*Cyperaceae*, *Liliaceae*), присутствуют *Chenopodiaceae*, *Ranunculaceae*, *Convolvulaceae*. Общую картину леса дополняют *Polypodiaceae*, *Botrychium* sp., *Selaginella* sp., *Sphagnum* sp.. Климат был умеренно-теплым и умеренно-влажным.

Подтверждением существования в Тункинских впадинах озерных водоемов являются находки остатков спонгио- и малакофауны [1,898; 2,89]. Моллюски: *Pisidium casertanum* var. *boreale* Cless., *P. amnicum* Müll., *Sphaerium corneum* var. *ssorense* W.Dyb., *Gyraulus laevis* Alder, *G. gredlevi* Gredl., *Succinea oblonga* Drap., *Valvata sibirica* Midd., *Radix ovata* Drap., а также губки семейства Spongillidae – *Spongilla lacustris* L., *S. fragilis* Leidy, *Ephydatia fluviatilis* L. обитали в мелководных проточных озерах. Отсутствие эндемиков, в частности байкальских губок из семейства *Lubomirskiidae*, которые характерны для более древних отложений, указывает на полную потерю прямой генетической связи этого озера в неоплейстоцене с оз. Байкал.

Исследования поддержаны грантом РФФИ-Сибирь №12-05-98071.

Литература

1. Мартинсон Г.Г. Ископаемые губки из Тункинской котловины в Прибайкалье // Доклады АН СССР. – 1948. – 61. – № 5. – С. 897-900.

2. Логачев Н.А. О происхождении четвертичных песков Прибайкалья // Известия Сибирского отделения Академии Наук. Геология и геофизика. – 1958. – Вып. 1. – С. 84-95.

Бобровников В.Г.

доцент кафедры истории, культуры и социологии Волгоградского государственного технического университета, iks@vstu.ru

Вытнов В.Н.

студент 3-го курса Царицынского православного университета

ГОСУДАРСВЕННЫЙ ВАНДАЛИЗМ ПО ОТНОШШЕНИЮ К РУССКОЙ ПРАВОСЛАВНОЙ ЦЕРКВИ В СССР В НАЧАЛЕ 20-Х – 30-Х ГГ. XX ВЕКА

С конца 80-х годов XX в. в России ведется исследовательская работа по изучению истории борьбы советского государства с Церковью. Авторы изучили малодоступные и известные архивы. В данной статье ставится задача на основе местных архивных и публицистических материалов проанализировать причины и методы государственного вандализма в СССР по отношению к Русской Православной Церкви.

Особое место в построении социализма занимала борьба правительства большевиков и коммунистов с Русской Православной Церковью. Советская власть с первых дней своего существования проводила целенаправленную политику по уничтожению религии. 20 января (2 февраля) 1918 г. Совнарком принял декрет об отделении Церкви от государства и школы от Церкви. Интернационалисты-большевики нанесли этим декретом первый удар по Русской Православной Церкви.

В 1920 г. седьмой съезд Советов рабочих, крестьянских, красноармейских и казачьих депутатов сделал обращение к казакам, что «никакого насилия над совестью, никакого оскорбления церквей и религиозных обычаев Советская власть не допустит и не потерпит» [6, л.36 об.]. Но это была ложь.

Мотивами для гонений на церковь было несколько:

– церковь была одним из главным конкурентом по влиянию на общественное сознание и человека, в частности;

– церковь владела колоссальными финансовыми и материальными ресурсами;

– атеистическое мировоззрение лидеров большевизма было антагонистично вероисповедальному сознанию.

Методы вандализма:

– закрывали монастыри, церкви и духовные учебные заведения,

– убивали священников, монахов и прихожан, преследовали верующих. Так, за 1922-1923 годы в СССР было расстреляно более 40 тысяч священников и более 100 тысяч верующих – членов церковных общин [6, с.146]. Всего же за 20-30 годы было убито 200 тысяч служителей и еще полмиллиона прошли через тюрьма и ссылки [14, с.1].

— в 1920-1936 гг. происходило изъятие ценностей и имущества, накопленные народом веками, ибо церкви и приходы создавались по «тщанию прихожан». А. И. Бухарин: «Мы ободрали церковь, как липку, и на ее «святые ценности» ведем свою мировую пропаганду, не дав из них ни шиша голодающим. При ГПУ мы воздвигли свою «церковь» при помощи православных попов, и уж доподлинно врата ада не одолеют ее; мы заменили требуху филаретовского катехизиса любезной моему сердцу «азбукой коммунизма», закон Божий – политграмотой, посрывали с детей крестики да ладанки, вместо икон повесили «вождей» постараемся для Пахома и «низов» открыть мощи Ильича под коммунистическом союзом... Дурацкая страна!» [16, с.11–12].

По мнению А.Н. Яковлева, в начале 20-х годов под предлогом помощи голодающим Поволжья было изъято церковных ценностей на 2,5 миллиарда золотых рублей. Однако на покупку продовольствия затрачено было только один миллион рублей. Остальные деньги осели на зарубежных счетах партийных боссов или были направлены на нужды мировой революции [14, с.1].

Применение карательных органов. Ф. Дзержинский в письме к председателю Всеукраинской Чека М. И. Лацису писал: «Церковную политику развала должна вести ВЧК, а не кто-либо другой. Официальные и неофициальные сношения партии с попами недопустимы. Наша ставка на коммунизм, а не религию. Лавировать может только ВЧК для единственной цели – разложения попов» [11, с.102].

Вандализм охватил все губернии России. Репрессии против духовенства и верующих в Царицынской губернии в 1918-1921 гг носили, в связи с голодом, ограниченный характер. Но в мае 1922 г. репрессии коснулись и этого региона. Если раньше «за пожертвования и построение церкви», например, купца И. П. Илларионова Усть-Медведицкой станицы 3 февраля 1903 г. наградили орденом Святой Анны[2, л.145 об.], то в 20-30-е годы таких ссылали и убивали.

Так, 17 мая 1922 г. арестовали священника А. Тихомирова и троих граждан. Их обвиняли в том, что они 8 апреля оказали сопротивление изъятию церковных ценностей в Успенской церкви хутора Вихлянцева. Они были осуждены на один год лишения свободы [3, Л.27,126-126 об, 148-148 об., 160-160 об.].

По подсчетам иеромонаха Климента и Д. Д. Антонова в список репрессированных за 1917–1964 гг. по Волгоградской и Камышинской епархии на сегодняшний день включены 110 священников: один игумен, пятеро иеромонахов, 9 протоиереев, 82 священника, трое протодиакона 6 псаломщиков. В том числе 22 священнослужителя из Царицына–Сталинграда. Всего расстреляно 49 человек. По неполным данным 10 репрессированных были расстреляны в1918-1919 гг., 36 человек – в 1936-1937 гг., 4 – в 1941–1945 гг., остальные в разные годы. То есть, сделали вывод эти исследователи, что в первой половине XX века 1150 священников нашей епархии были репрессированы и рассеяны по необъятным просторам нашей родины [10, с.109–110].

Обвинения священников, церковнослужителей и прихожан в Царицынской губернии (Сталинградской области) имели следующие формулировки: «за антисоветскую агитацию», «за провокацию и распространение ложных слухов», «за контрреволюцию», «за антиколхозную агитацию», «за хранение контрреволюционной литературы», «за контрреволюционную агитацию молодежи в религиозном духе», «в агитации против колхоза и советской власти» и др. [10, с.91-100].

Особое внимание партия атеистов уделяла *изменения сознания* православных русских крестьян. В. Ленин: «Электричество заменит крестьянину Бога. Пусть крестьянин молится электричеству, он будет больше чувствовать силу центральной власти – вместо неба» [1, с.201]. Поэтому, в конце 20-х - начале 30-х гг. XX в. под различными предлогами идет массовое закрытие приходов. Партийными и советскими органами организуются ходатайства «трудящихся» о закрытии храмов и запрещении колокольного звона. В 1928-1936 гг. в местной прессе постоянно публикуются резолюции собраний трудовых коллективов и колхозников о закрытии храмов, сносе церквей или приспособлении их под жилье, столовые, клубы, зернохранилища. Инициатива закрытия церквей в период коллективизации (1929-1932 гг). принадлежит местным исполкомам, ввиду отсутствия зернохранилищ.

Так, из протокола №10 от 18.04.1931 г. общего собрания колхозниц-домохозяек хутора Нехаевского (Сталинградской области) следует постановление: «*Мы домохозяйки хутора Нехаевского поддерживаемся протокольному постановлению... и открыто заявляем, что церковь нам не нужна при сплошной коллективизации, церковь есть дурман темных масс*» [4, л.21].

Из выписки протокола сельскохозяйственной артели «Путь» хутора Павлова Нехаевского района следует: «*закрыть церкву, т. к. Она является тормозом строительству Социализьму*» [3, л.22-22 об]. На собрании 03.01 1931 г. колхозников хутора Аржановского того же района единогласное постановление звучало так: «*Мы колхозники х. Аржановскаго единогласно выносим свое пожелание находящуюся в поселении хутора Аржановскаго церковь закрыть ввиду того что таковая является стройкой контрреволюции в отношении закабаления бедноты и батраков и откудаво происходит распространение заразных болезней* [5, л.12]. И к концу 1930 года в Нехаевском районе были закрыты все 17 церквей [7, л.348].

Проанализируем формулы инкриминирования обвинений священнослужителей по одному из пунктов 58-й статьи – десятому «Пропаганда или агитация», за которую мерой социальной защиты являлось «лишение свободы на срок не ниже шести месяцев». В следственных протоколах чаще всего встречаются следующие формулы обвинения:

– «За религиозные убеждения» [15].

– «Систематическая агитация против существующего порядка соввласти» [8, с.35].

– «В использовании религиозных предрассудков масс»;

– «Распространение провокационных слухов с целью подрыва авторитета советской власти [12, с.83].

За три «безбожных» пятилеток произошло окончательное разцерковление России: Из 47 тыс. церквей до революции к 1939 году в России осталось всего 100 соборных и приходских храмов. Большинство из оставшихся в живых священнослужителей находились в тюрьмах, лагерях и ссылках. В 1918 г. в России было 150 тысяч священнослужителей, 130 тысяч из которых к 1941 г. были расстреляны [9, с.140].

Небольшое послабление церкви было в годы Великой Отечественной войны, когда было открыто 20 тысяч храмов, но в период правления генсека Н. С. Хрущева (1953-1964 гг.) они были закрыты.

Если в 20-е годы религиозное воспитание детей квалифицировалось по 58-й п.10 как «контрреволюционная агитация» [13, с.47], то в 30-50-е годы эта статья формулирует данное деяние как «антисоветская пропаганда» с отбытие срока с нее менее 10 лет. Посещение церкви коммунистом, вплоть до конца 80-х годов, грозило исключением из партии и увольнением с руководящей работы. Рядовых вызывали на проработку в профкомы, парткомы, комитеты комсомола и лишали премий, путевок и др.

Таким образом, выполняя социально-классовый заказ идеологов большевизма государственная машина пыталась уничтожить православные традиции русского населения и заменить их на западные либеральные ценности. Для этого использовались идеологическая пропаганда, репрессивные меры, уничтожение части населения и его вековых традиций. Церковь оказалась на Голгофе советского социума, что в конце концов стало одной из причин его падения.

БИБЛИОГРАФИЧЕСКИЙ СПИСОК

1. Волкогонов, Д. В. Ленин. В 2-х кн. / Д. Волкогонов. – М.: АСТ новости, 1998. – 512 с.

2. Государственный архив Волгоградской области (далее: ГАВО). Ф.83. Оп.1.Д.1.

3. ГАВО. Ф.141. Оп.1. Д.514.

4. ГАВО. Ф.313. Оп.1. Д.1886.

5. ГАВО. Ф. 313. Оп.1. Д.1930.

6. ГАВО. Ф.412. Оп.1. Д.2.

7.   ГАВО. Ф.591с. Оп.1. Д.16.

8.   Дело на священников В. А. Наследышева, Д. Е. Алимова / Светильник веры. Сестры милосердия. – М., 1997 г. – 200 с.

9.   Дневник игумена Серафима [Текст] / сост. и ред.: Лопатин Л.Н., Лопатина Н. Л. – Кемерово: КемГУГИ, 2011. – 180 с.

10.   Иеромонах Климент (Наумов). Репрессии против священнослужителей в Сталинградской епархии / Климент (Наумов), иеромонах // Материалы к жизнеописаниям репрессированных священнослужителей Волгоградской епархии [под ред. свящ. Е. Агеева]. – Волгоград: Принт Терра-Дизайн, 2011. – Вып. 1. – 148 с.

11.   Источник: Документы русской истории (приложение к журналу «Родина»). – М., 1994. – №6. – С.102.

12.   Материалы к жизнеописаниям репрессированных священнослужителей Волгоградской епархии. Вып.1. – Волгоград, 2011. 180 с.

13.   Солженицын А. И. Архипелаг ГУЛАГ.1918-1956. Опыт художественного исследования. В 3 т. М.: Советский писатель-Новый мир, 1989. Т.1 587 с.

14.   Сотни тысяч священников еще не реабилитированы (передовица) / Известия, 1995. 29 ноября. – С.1

15.   Справка о реабилитации Дюковой Марии Ильиничны, 1915 г. рождения, выданная Прокуратурой Кемеровской области 06.07. 1993 г. №13-132. Оригинал // Фонд личного происхождения автора.

16.   Яковлев, А. Н. По мощам и елей. Преступления КПСС против народов России / А.Н. Яковлев. – М.: Евразия, 1995. – 191 с.

Романова Е.А.
зав. кафедрой, доцент, к.и.н., КГАМиТ

РЕГИОН РОССИИ В ПЕРИОД ПЕРВОЙ МИРОВОЙ ВОЙНЫ: ЕНИСЕЙСКАЯ ГУБЕРНИЯ И КРАСНОЯРСК

Первая мировая война охватила огромную территорию Европы, Азии и Африки. В ней активно использовалась авиация, подводные лодки, танки, артиллерия и пулеметы, большую роль играл железнодорожный транспорт. В военно - экономическом отношении Россия отставала от противника. Енисейская губерния, в меру своих возможностей, вносила свой вклад в ведение этой войны.

В годы первой мировой войны в России осуществлялся процесс милитаризации экономики. Красноярские мастерские в октябре 1915 г. выполняли для армии военный заказ: отливку 8500 чугунных бомб, создание 40000 корпусов ручных гранат, сколачивание 1430 ящиков для «закупорки» бомб и отдельно - для гранат. Первое в Сибири Красноярское техническое железнодорожное училище должно было внести свой вклад: отливку 250 чугунных бомб, медного литья для трубок и гаек и 250 свинцовых шайб, изготовление 10 носилок для девяносто шестого обозного батальона, 10 коробов для телег [1,192,192 - об]. Военно - технические возможности Красноярска в начале XX в. были ограниченными.

В Красноярске возникали проблемы с пассажирскими транзитными военными поездами. В праздничные дни они не могли приобрести продукты. В 1915 г. для них были открыты дежурные лавки. Пассажиры таких поездов часто нарушали санитарные нормы на станциях. Загрязнялись платформы и площадки под окнами. В первую очередь, это относилось к поездам с военнопленными. Особым распоряжением для них создавались отхожие места, которые должны были дезинфицироваться после каждого эшелона. Бывало, что военнопленные австрийские офицеры угрожали пассажирам холодным оружием. Поэтому вышли Циркуляры о лишении его, при их вызывающем поведении в поездах. Красноярскому отделению Сибирской железной дороги, в соответствии с требованиями военного времени, пришлось ужесточить санитарный, административный и продовольственный контроль за военными пассажирскими транзитными поездами.

В 1914 г. был издан царский указ о запрещении производства и продажи всех видов алкогольной продукции на территории России. 22 сентября 1915 г. нетрезвые нижние чины транзитного военного поезда отказались подчиняться коменданту станции «Красноярск» - поручику Дубровину. Для наведения порядка был вызван взвод казаков. Это говорило о нарушении в военное время отдельными производителями алкогольной продукции и нижними чинами, по выражению английского премьер - министра Ллойд Джорджа, «самого величественного акта национального героизма».

После февральской революции усилилась борьба с пьянством и в Енисейской губернии. Арестованные за злоупотребление спиртными напитками попадали в милицию, затем в тюрьму, откуда их брали на общественные работы. Каждая рота должна была из своего состава на месяц командировать по одному солдату в особый отряд, который ловил изготовителей, торговцев и хранителей самогонки. К борьбе за трезвость подключилась армия.

В военные годы при дефиците товаров народного потребления всегда активизируются «предприимчивые» люди. В годы первой мировой войны в Красноярске были замечены случаи продажи нижними чинами в тылу казенной армейской одежды. Поэтому в 1915 г. введено положение о чрезвычайной охране [2,л.30]. Ежемесячно начальник жандармского полицейского управления до десятого числа должен был давать сведения об отобранных у скупщиков и найденных в полосе отчуждения железной дороги русских и турецких предметах казенного обмундирования, снаряжения и вооружения. К обмундированию относились сапоги, мундиры, шинели, шаровары, папахи и фуражки. Приобретение в заклад предметов военного снаряжения и вооружения, а также теплых вещей с казенным клеймом Красного Креста наказывалось заключением в тюрьму или крепость на три месяца, арестом на тот же срок или штрафом в 3000 руб. Запрещалась скупка вещей у военнопленных на станциях и перегонах. В 1916 г. была совсем запрещена продажа теплой одежды. Сложившаяся ситуация с казенной армейской одеждой являлась следствием нарастающего революционного хаоса. На местах осуществлялись попытки усиления контроля за продажей военного обмундирования. Наказание соответствовало военному времени. Отобранное у скупщиков казенное обмундирование возвращалось в действующую армию.

Для оказания населением посильной помощи фронтовикам снижались цены на посылки в армию. В мае 1917 г. они весом до двух фунтов стоили 40 копеек, в то время, как гражданские посылки в пределах Сибири - 75 коп., в Европейскую Россию - 1 руб. 05 коп. Так пытались компенсировать нехватку продовольствия в армии, но экономические возможности сибиряков были ограничены.

Большую роль в обеспечении деньгами маршевых рот, отправляемых на фронт, сыграли 14 и 15 Сибирские запасные полки. Они проводили кружечные сборы, во время одного из которых 13 мая 1917 г. было собрано 1622 руб.14 коп.; устраивали благотворительные гулянья в городском саду с танцами, балы - маскарады с призами, концертно - балетным дивертисментом и спектакли в городском театре с оркестром военной музыки под управлением Рогозина. Приглашали «гусляра - баяна» - артиста Московского художественного театра А.В.Новосельского. Благотворительная деятельность 14 и 15 Сибирских запасных полков имела разнообразные формы.

В Красноярске основная масса военнопленных содержалась в лагере на территории военного городка. Пленные офицеры не работали, имели отдельную столовую, получали от своих государств денежное пособие в размере 200 рублей. За прибывшими военнопленными - германскими врачами устанавливалось отдельное наблюдение. Отношение к нижним чинам и офицерам австро - венгерской и германской армии было разным.

Можно выделить два этапа в использовании военнопленных нижних чинов как рабочей силы. Сначала они работали добровольно и ходили по городу свободно. Для своего материального обеспечения организовали артели. С 1916 г. военнопленных австро - венгерской армии славянского происхождения и неофицерского состава стали в обязательном порядке привлекать «для исполнения казенных общественных работ» по смене шпал, рельсов, на земляных работах, переустройстве станций, разгрузке угля, загрузке балласта, забивке свай и строительных работах. При каждой партии военнопленных (20 - 30 человек) находился военнопленный офицерский чин. Им разрешалось отлучаться в баню или за провиантом под присмотром стражника, рекомендовано ложиться спать не позднее девяти часов вечера. Усилился контроль за военнопленными - нижними чинами.

Февральская революция расколола военнопленных на две части. Представители социал - демократических взглядов из Ачинского лагеря в апреле 1917 г. написали открытое письмо в «Красноярский рабочий», где отметили критику со стороны своих за братание с русскими и попросили возложить на них «тяжелую» работу. Среди авторов был сотрудник венской рабочей газеты - Карл Новотни, учитель Камилло Бергер, механик Франц Лихтенауэр, типограф Генрих Метц, наборщик Виктор Соломон и переплетчик Антон Штернер. Военнопленные с революционными взглядами хотели внести свой вклад в преобразование Енисейской губернии.

Первая мировая война не могла не влиять на уровень жизни населения. В 1917 г. цены на топливо и электричество увеличились на 100 %. С 6 июня мясо стали выдавать по продовольственным книжкам: 1,5 фунта в неделю на каждую «порцию» по цене 35 копеек за фунт [3]. Город не был обеспечен хлебом. Появились очереди. Недовольство населения связывалось с гибелью близких людей, ростом цен на продукты и снижением жизненного уровня, реквизициями скота для нужд войны и потоком беженцев, многих из которых не могли обустроить.

Война невозможна без человеческих жертв. Семьи пострадавших получали пайки. В 1918 г. Городская управа города Красноярска по домовым книгам произвела проверку пайков, выдаваемых семьям призванных на военную службу. В феврале было выдано 303 пайка на сумму 25917 рублей 17 копеек на 17 дней. После проверки в марте количество пайков сократилось до 133 с суммой 16055 рублей 68 копеек. Пайки выдавались только тем, кто представлял доказательства в виде открыток из плена, справок о смерти в бою или пропавших без вести. В связи с экономическим кризисом, вызванным войной, усилился контроль за выделяемыми для социальной помощи деньгами.

Мобилизация мужчин на фронт вызвала нехватку рабочей силы в деревнях. 10 августа 1917 г. Красноярский Совет рабочих, солдатских и крестьянских депутатов принял решение о создании военной секции и составлении списков солдат - «горожан» и «хлеборобов» для выдачи отпусков и оказания помощи сельской местности в уборке урожая. Полковник Воротников выступил против отпусков, потому, что обратно возвращалась только треть военнослужащих. Вклад солдат - отпускников не решал проблемы рабочей силы в деревнях.

Революционным вихрем были охвачены и перемещающиеся в Европейскую Россию мимо Красноярска войска. 8 июля 1917 г. из Иркутска прибыли украинские солдаты, которых сразу же привлекли на собрание с лозунгами: «Долой Временное правительство!», «Вся власть Советам!», «Самоопределение наций до отделения самостоятельного государства!» местные социал - демократы. Солдаты, сопровождаемые трубачами, шли с национальными знаменами Украины. После февральской революции усилились национальные настроения в войсках.

Первая мировая война изменила жизнь Енисейской губернии и, особенно, Красноярска. Мастерские милитаризировали свое производство. Усилилась нагрузка на Красноярское отделение Сибирской железной дороги, которому пришлось решать много новых задач. Ужесточились наказания за нарушение военной дисциплины, спекуляцию и пьянство. Осуществлялась посильная помощь фронтовикам. Из - за инфляции снижался уровень жизни населения. Появился новый объект для социальных выплат - семьи, пострадавшие от войны. В качестве дополнительной рабочей силы стали использовать нижние чины военнопленных и солдат - отпускников. После февральской революции произошла активизация политической жизни Красноярска.

Литература

1. ГАКК, ф. 832, оп. 1, д. 350, л.192 - 192 - об.
2. Там же, д.151, л.30.
3. Красноярский рабочий. - 28 мая.- 1917.

Суфианова Г.З., Иванова Н.Е.
заведующая кафедрой фармакологии Тюменской государственной медицинской академии (ТГМА) профессор, д. м. н. Суфианова Галина Зиновьевна.
аспирант кафедры фармакологии ТГМА, врач анестезиолог – реаниматолог ФГБУ «Федеральный центр нейрохирургии» (г. Тюмень) Иванова Наталья Евгеньевна (e-mail: natalyai2014@yandex.ru).

СРАВНИТЕЛЬНЫЙ АНАЛИЗ АНЕСТЕЗИОЛОГИЧЕСКОГО ПОСОБИЯ, ПРИМЕНЯЕМОГО ПРИ ХИРУРГИЧЕСКОЙ КОРРЕКЦИИ НЕСИНДРОМАЛЬНЫХ КРАНИОСИНОСТОЗОВ

Считается, что у детей раннего возраста имеется ряд особенностей в проведении адекватного анестезиологического пособия. Особенности незрелой системы восприятия боли у детей раннего возраста (низкий порог боли, длительная реакция на боль, перехлест рецепторных полей, более широкие рецепторные поля, незрелая система нисходящего контроля боли) обуславливает их более высокую чувствительность к боли, что требует применения более высоких доз анальгетиков и анестетиков.

Цель: провести сравнительный анализ анестезиологических препаратов, применяемых при эндоскопической краниоэктомии.

Методы и материалы: данные ретроспективного анализа анестезиологического пособия 25 детей с различными формами НеКС, находящихся на стационарном лечении в ФГБУЗ Федеральный центр нейрохирургии (г. Тюмень) за период 2012-2013 г.г. Всем им была выполнена эндоскопическая краниоэктомия. Пациенты были разделены на две группы. Контрольная группа – 15 человек (1 девочка, 14 мальчиков), средний возраст 9±2 мес., средний вес 10±0,5 кг. Группа сравнения -10 человек (1 девочка, 9 мальчиков), средний возраст 10±0,5 мес., средний вес 11±0,3 кг. Перед операцией всем детям проводились стандартные обследования (ОАК, ОАМ, биохимия крови, коагулограмма, ЭКГ), консультации смежных специалистов.

Результаты и обсуждение: В операционной проводилась «стандартная» премедикация (атропин 0,01 мг/кг, димедрол 0,1 мг/кг). Мониторинг витальных функции организма при помощи монитора «IntelliVue MP20» («Phillips», Holland) – АД, SatO$_2$, ЭКГ, ЧДД, температура (Т) в пищеводе. Для поддержания температуры использовалась система обогрева пациента Warm Touch («Nellcor», USA). Глубина анестезии контролировалась BIS-монитором («Coviden», Ireland). В контрольной группе использовалась тотальная внутривенная анестезия. Индукция осуществлялась фентанилом 0,005 мг/кг, пропофолом 3 мг/кг, миорелаксация эсмерон 0,6 мг/кг. Поддержание анестезии фентанил 0,003-0,001 мг/кг каждые 50 мин, пропофол 9 мг/кг/час, эсмерон 0,2 мг/кг непрерывной инфузией. В группе сравнения использовалась ингаляционная низко-поточная анестезия севофлюраном в сочетании с наркотическими анальгетиками (фентанил). Индукция осуществлялась ингаляцией газовой смеси севофлюрана (газоток> 4 л/мин и МАС 2,5-3%) в сочетании с внутривенным введением фентанила 0,005 мкг/кг, миорелаксация эсмерон 0,6 мг/кг. Поддержание анестезии низко-поточным методом ингаляции севофлюрана (газоток 2 л\мин и МАС 1-1,5%), фентанил 0,003-0,001 мг/кг. При использовании фентанила в нагрузочной дозе 0,005 мг/кг у пациентов обоих групп не отмечалось угнетение гемодинамических показателей (брадикардия, гипотония). Выполнялась назотрахеальная интубация, так как укладка пациентов требует сгибания шеи и возникает опасность дислокации эндотрахеальной трубки во время операции. ИВЛ в режиме нормовентиляции. Для антибиотикопрофилактики использовался цефазолин в дозе 50-100 мг/ кг в\в за 30 мин до разреза. В качестве венозного доступа использовалась центральная вена (v.jugularis interna dextrae, v. subclavia dextrae) под УЗИ контролем («Siemens ACUSON Cyprees», USA), без технических трудностей. Восполнение кровопотери осуществлялось путем нормоволемической гемодиллюции совместно с гемотрансфузией (при кровопотери более 10% от ОЦК), также использовались препараты для коррекции гемостаза (транексам 10 мг\кг, ЕАКК 5% 2-5 мл\кг и т.д). Объём инфузии рассчитывался как 6-8 мл/кг/час. Объем донорской крови рассчитывался как 10-15 мл/кг, скорость введения 10 мл/ч. Экстубация выполнялась по общим критериям, через два часа пробное кормление ребенка. У пациентов группы сравнения обеспечивалась более высокая управляемость проводимого анестезиологического пособия, то есть при необходимости можно углубить анестезию или, наоборот, сделать ее более поверхностной. После прекращения подачи севофлюрана происходила быстрое пробуждение больного, что является положительным аспектом их действия. Экстубация у пациентов этой группы через 1±0,5 час, перевод в профильное отделение через 2±0,9 час. У пациентов контрольной группы экстубация происходила через 3,5±0,5 час, перевод в профильное отделение осуществлялось через 6±0,9 час.

Выводы

Таким образом при использовании ингаляционной анестезии севофлюраном обеспечивается высокая управляемость проводимого анестезиологического пособия. Сочетание с адекватными дозами фентанила и BIS мониторингом, снижает потребность в миорелаксантах и предотвращает преждевременное пробуждение пациента.

Ким О.Т., Югай Н.В., Махатова В.К.
магистрант, к.м.н., доцент, к.м.н., и.о. доцента
Южно-Казахстанская государственная фармацевтическая академия
г. Шымкент, Казахстан
deliverance90@mail.ru

МОРФОЛОГИЧЕСКИЕ ОСОБЕННОСТИ ВНУТРЕННИХ ОРГАНОВ ПРИ СИНДРОМЕ ВНЕЗАПНОЙ СМЕРТИ МЛАДЕНЦЕВ

Сложно найти более тяжелую ситуацию, чем смерть маленького ребенка, наступившая совершенно внезапно, во сне, без предшествующих болезней, тяжелых травм и вообще без видимых причин. Государственная статистика большинства стран фиксирует много случаев детей грудного возраста, при которых отсутствуют анамнез и патоморфологические изменения, способные убедительно объяснить причину смерти. Эта ситуация классифицируется как синдром внезапной смерти младенцев (СВСМ)[1, 5; 2,7; 4,384].

Такое внимание медицины к данной проблеме не случайно. В США синдром внезапной смерти младенцев входит в тройку причин младенческой смертности после перинатальных состояний и врожденных аномалий. Наиболее высокие показатели зарегистрированы в Новой Зеландии, Австралии, Великобритании, доля этого синдрома в структуре младенческой смертности составляет от 15 до 33%.[5, 13]. Достоверные данные по странам СНГ отсутствуют.

Цель работы

Изучение, выявление специфичных для СВСМ признаков и анализ морфологических особенностей органов и систем умерших детей от СВСМ.

Материалы и методы

Для достижения поставленной цели нами исследовано 30 случаев смерти младенцев с патологоанатомическим заключением «синдром внезапной смерти младенцев». Данные макроскопического и гистологического исследования органов были получены на основе анализа актов судебно-медицинской экспертизы Южно-Казахстанского бюро судебно-медицинской экспертизы.

Результаты исследования

Наиболее часто случаи СВСМ происходили в период с октября по март. Преобладали лица мужского пола (соотношение 18:12). Смерть чаще наступала в ночное время суток. У 70% (21 чел.) смерть наступила ночью во время сна, у 20% (6 чел.) – утром, у 10% (3 чел.) – днем. Все дети были обнаружены мертвыми в кровати или коляске. Исключались случаи насильственной смерти и смерть от закрытия дыхательных путей пеленками, предметами одежды и другими предметами.

Во время внешнего осмотра грудных детей, умерших от СВСМ, на месте происшествия и в секционном зале не выявлялись определенные признаки, которые бы позволили определить причину смерти. Чаще всего имели место ярко выраженные трупные пятна сине-фиолетового цвета, отчетливый цианоз ногтей и губ, являющихся морфологическими признаками быстро наступившей смерти. Умершие были правильного телосложения с отсутствием грубых пороков развития.

Морфологическое исследование внутренних органов свидетельствовало о наличии определенных изменений на макроскопическом и микроскопическом уровнях.

При макроскопическом исследовании в сердце грудных детей, умерших вследствие СВСМ не выявлено. В 53,3% случаев обнаруживались мелкоточечные субэпикардиальные петехии, которые являются признаком гипоксии, имевшей место в агональном периоде. Во всех случаях наблюдалось расширение правого желудочка, в то время как левый был пуст или почти пуст.

Головной мозг был сформирован правильно у всех умерших детей. В большинстве случаев (84%) отмечались отек и набухание головного мозга. В стволе головного мозга обнаруживались признаки глиоза.

Выявление глиоза ствола головного мозга у погибших от СВСМ детей описывалось исследователями [4, 386], которые относили глиоз ствола головного мозга к так называемым «тканевым маркерам хронической гипоксии»

При макроскопическом исследовании были видны признаки отека легких. Во время гистологического исследования наблюдались участки нормальных легких, участки отека и эмфиземы. Отек легких сопровождался десквамацией альвеолярного эпителия, а в периваскулярных и перибронхиальных зонах у детей первого года жизни часто (в 70%) наблюдалась лимфоидная инфильтрация как проявление напряженного иммунитета.

Слизистая оболочка трахеи и бронхов в 16,6% имела признаки аутолиза, в подслизистом слое проявлялись признаки умеренной лейкоцитарной инфильтрации. Сосуды трахеи и бронхов полнокровные, что является проявлением общего венозного полнокровия.

В 13,3% в просвете верхних дыхательных путей обнаруживалось небольшое количество желудочного содержимого, что сочеталось с переполнением желудка. Этот факт подтверждает мысль о том, что имела место «посмертная рвота

Тимус имел сходную морфологическую структуру – дольчатое строение, окружен тонкой фиброзной капсулой с хорошо развитой сосудистой сетью. В 90% отмечалась незначительная тимомегалия за счет акцидентальной трансформации тимуса. Местами были видны единичные мелкие тельца Гассаля.

В печени определялись макроскопичесие признаки полнокровия и микроскопические признаки дистрофических изменений гепатоцитов у 30% умерших детей. В 63,3% наблюдались очаги экстрамедуллярного кроветворения.

Надпочечники у грудных детей, погибших вследствие СВСМ имели листовидную форму без ярко выраженных макроскопических изменений. Во время гистологического исследования было заметно отчетливое полнокровие. В 16,6% наблюдались признаки гиперплазии хромаффинной ткани.

Макроскопические изменения в почках погибших от СВСМ были незаметны. Микроскопическое исследование выявило дистрофические изменения эпителия извитых канальцев почек (от незначительных до существенных). В 43% наблюдались признаки недоразвития нефронов или клубочков.

Селезенка имела мелкие и немногочисленные фолликулы без герминативных центров. В 56,6% случаев наблюдалась незначительная гипоплазия селезенки.

Выводы:

1. Патоморфологическое исследование свидетельствует о том, что СВСМ имеет некоторые морфологические особенности: диапедезные кровоизлияния в тканях, признаки гипоплазии в отдельных органах, относительно выраженную клеточную реакцию в органах и тканях.

2. Макро-и микроскопические данные выявили «тканевые маркеры хронической гипоксии»: глиоз ствола головного мозга, гипоплазию надпочечников, персистирующий гемопоэз в печени.

3. Частое выявление экстрамедуллярного гемопоэза и крупного тимуса у погибших от СВСМ детей являются признаками задержки темпов развития ребенка.

Литература

1. Альтхофф Х. Синдром внезапной смерти у детей грудного и раннео возраста: Пер.с англ. – М.:Медицина, 1983. – 144 с.

2. Воронцов И.М., Кельмансон И.А., Цинзерлинг А.В. Синдром внезапной смерти у грудных детей. СПб.: Специальная литература, 1997. – 220 с.

3. Зубов Л.А., Богданов Ю.М., Вальков А.Ю. Синдром внезапной детской смерти // Экология человека. – 2004. – №1. –С.22-29.

4. Ивановская Т.Е, Леонова Л.В. Патологическая анатомия болезней плода и ребенка. – 1989. – Т.2. – С.384-387.

5. Mitchell E.A., Stewart A.W., Scragg R. et al.Ethnic differences in mortality from sudden infant death syndrome in New Zealand// BMJ. – 1993/ - Vol.306/ - P.13-16.

Ткаченко И.М., Демьяненко С.А., Данильченко С.И., Кайдашев И.П.

Ткаченко И.М. - д.мед.н., доцент кафедры ВГУЗУ «Украинская медицинская стоматологическая академия», г. Полтава

Демьяненко С.А. - д.мед.н., заведующая кафедры Крымского государственного медицинского университета им. С.И. Георгиевского, г. Симферополь

Данильченко С.И. - к.мед.н., доцент кафедры ВГУЗУ «Украинская медицинская стоматологическая академия», г. Полтава

Кайдашев И.П. – д.мед.н., профессор, заведующий кафедры кафедры ВГУЗУ «Украинская медицинская стоматологическая академия», г. Полтава

ПЕРСПЕКТИВЫ ИСПОЛЬЗОВАНИЯ СИНТЕЗИРОВАННЫХ НАНОЧАСТИЦ ГИДРОКСИЛАПАТИТА СТРОНЦИЯ ДЛЯ ПРОФИЛАКТИКИ И ЛЕЧЕНИЯ ПОВЫШЕННОЙ СТИРАЕМОСТИ ЗУБОВ EX VIVO

На сегодняшний день большое внимание в мире стоматологии уделяется возможности восстановления структуры эмали, которая утеряна за счет функции, а также профилактике ее потери или приостановке патологического процесса, на уровне его обнаружения.

Наиболее часто для этого применяют различные стоматологические пломбировочные материалы которые обладают повышенной прочностью и адгезией к тканям зуба. Но применение данных материалов требует предварительной подготовки эмали и дентина в виде препарирования, что нарушает целостность зуба, что в целях профилактики не является достаточно обоснованным.

В связи с этим становится актуальным вопрос о возможности создания специальных соединений, которые имели бы возможность повысить резистентность эмали к механическим нагрузкам не нарушая целостности эмали на этапах первичной профилактики.

В большинстве случаев изучается возможность, в экспериментальных условиях, биомиметического роста кристаллов на поверхности зуба при различных способах его обработки. Основная трудность заключается в невозможности соединения и проникновения предлагаемых материалов в эмаль с целью упрочнения последней [1,2,3].

Поэтому, в качестве материала для лечения повышенной стираемости зубов мы предлагаем использовать наночастицы. Уменьшение частиц до нанометровых размеров приводит к проявлению в них так называемых «квантовых размерных эффектов». Новые возможности материала обусловлены как особенностями отдельных частиц, так и коллективными действиями, которые зависят от характера взаимодействия между ними и исследуемого образца.

Оценивая микроэлементы, которые мы имеем возможность применять в стоматологической практике, мы обратили свое внимание на такой элемент, как стронций. Стронций является активным агентом для повышения плотности зубной эмали. Довольно часто соли стронция используют в качестве компонентов зубных паст и ополаскивателей полости рта. Установлена прямая связь между возрастом, повышенной стираемостью, обменом стронция в зубах и проникновения его из слюнных желез. Эту особенность стронция используют в синтезе новых лекарственных веществ на основе стронция ранелата, который стимулирует образование кости в культуре костной ткани, а также репликацию предшественников остеобластов и синтез коллагена в культуре костных клеток [4,5].

Учитывая, что при получении наночастиц стронция на основе гидроксилапатита мы можем получить структуру с новыми, положительными для нас свойствами, данное направление разработок можно считать актуальным. Наночастицы, производные стронция и родственные ионам кальция, по нашему мнению, могут абсорбироваться на поверхности апатита или замещать данным анионом фосфат или гидроксид-ион в решетке гидроксиапатита, а также встраиваться в эмалевые призмы[6].

Целью работы было создание производных солей стронция, имеющих различную структуру наночастиц со способностью интеграции в эмалевый слой для изменения свойств эмали зубов.

Методы исследования. Прототипом получения наночастиц стронция стала работа Ю.Д. Третьякова (2007) по методике химического синтеза наночастиц с гидроксилапатитом кальция. В качестве стронций содержащей соли в нашей работе были использованы нитрат, хлорид и ацетат стронция [7].

Предложенный способ получения наночастиц гидроксилапатита стронция $Sr_{10}(PO_4)_6(OH)_2$ для профилактики и лечения повышенной стираемости зубов выполняют следующим образом по схеме:
$$10SrX_2 + 6K_2HPO_4 + 8KOH = Sr_{10}(PO_4)_6(OH)_2{\downarrow} + 20KB + 6H_2O$$

Полученный осадок растирали в агатовой ступке. Для перевода остатков аморфной фазы гидроксилапатита стронция в кристаллическую, порошок выжигали в муфельной печи при температуре 500°C в течение 2 часов. Количество исходных веществ рассчитывали исходя из соотношения V (Sr) / V (P) = 1,67.

Для установления фазового состава полученного порошка проводили рентгенографическое исследование на дифрактометре ДРОН - 7М при условиях: Cu Ka, U = 30kV, I = 20 mA, 2Q = 0,004 град, D = 3 сек. По данным рентгенофазового анализа при синтезе гидроксилапатита из разных стронциевых солей во всех случаях получали в качестве основного продукта SrГАП.

В зависимости от методики получения наночастиц и их производной форма их также отличалась.

Для исследования свойств полученных наночастиц было исследовано 14 зубов с повышенным типом истирания твердых тканей, удаленных по ортопедическим и ортодонтическим показаниям у пациентов от 25 до 45 лет. Все исследования проводились после одобрения комиссии по биоэтике при Украинской медицинской стоматологической академии. Исследования проводились с помощью растрового электронного микроскопа (SEM) "Mira 3 LMU» («Tescan», Чехия) с максимальным разрешением 1 нм и максимальным увеличением 1000000. Элементный состав локального участка определялся с помощью энергодисперсионного спектрометра X-max 80mm2 (Oxford Instruments, Великобритания), который был интегрирован в растровый электронный микроскоп. Предложенная система исследования позволила определить микроструктуру эмали без традиционной для образцов-диэлектриков процедуры покрытия поверхности тонким слоем проводящего материала.

Результаты. Выбор данных анионов объясняется довольно значительной растворимостью их в воде. Нитратный анион можно отнести к не модифицированным анионам, так как он не имеет возможности встраиваться в структуру гидроксиалпатита и не склонен к гидролизу. Вопреки этому, ацетатный ион гидролизуется и уменьшает кислотность среды, связывает ионы стронция с образованием ионного ассоциата (ионные пары). Хлорид-ион считается модифицирующим и имеет возможность замещать гидроксильные группы в кристаллах гидроксилапатита с образованием стронциевого хлорапатита.

Таким образом были синтезированы порошки гидроксилапатита с размерами первичных наночастиц 19,8 - 25 нм и с высокой степенью агрегации. Обращает на себя внимание разница в морфологии кристаллов стронциевого гидроксилапатита, полученного из нитрата стронция и других солей стронция предложенным способом. Она меняется в зависимости от природы исходных анионов стронциевых солей (хлорид, нитрат, ацетат): пластинки, иглы и равноосные частицы, что можно объяснить различными видами взаимодействия анионов исходных солей с гидроксилапатитом и возможностью вступать во взаимосвязи с эмалью зубов (рис.1,2,3). В эксперименте, после протравливания поверхности эмали и нанесения на ее поверхность разновидностей стронциевого апатита, доказано проникновение наночастиц внутрь эмалевых призм, что подтверждается данными точечного микроэлементного анализа.

Выводы. Впервые синтезированы наночастицы на основе кальциевого гидроксилапатита для профилактики и лечения повышенной стираемости твердых тканей зубов на что получен Декларационный патент

Украины.. Включение в структуру кальциевого гидроксилапатита, которым представлена эмаль зуба, наночастиц из стронция позволит повысить плотность эмали и изменить ее химические характеристики за счет увеличения количества стронция в эмали как на этапах профилактики повышенной стираемости так и на этапах лечебных мероприятий, которые в состоянии, по нашему мнению, повысить резистентность эмали к повышенным функциональным нагрузкам.

Литература

1. Орловский В. П. Гидроксиапатитовая структура. / Орловский В. П., Суханова Г. Е., Ежова Ж. А., Родичева Г. В. Журнал Всесоюзного химического общества, 1991. Том XXXVI. №6. - с. 683-689.

2. Гусев А. И. Наннокристаллические материалы / А.И. Гусев, А.А. Ремпель. – М.: ФИЗМАТЛИТ, 2000. – 224 с.

3. Николаенко С.А. Исследование биомиметического формирования апатита но поверхности дентина / С.А. Николаенко, У. Лобауэр, М. Ципперле // Стоматология. - №6. – 2007. – С. 20-25.

4. Gleiter H. Nanostruct. Mater. / H. Gleiter – 1992. – V. 1. – P. 1. Siegel R.W. Nanostruct. Mater. / R.W. Siegel – 1993. - V. 3. – № 1-6. - P. 1.

5. Liu H., Hu D. Efficacy of a commercial dentifrice containing 2% strontium chloride and 5% potassium nitrate for dentin hypersensitivity: a 3-day clinical study in adults in China. - Clin Ther. 2012 Mar;34(3):614-22. Epub 2012 Mar 3.PMID:22385928 [PubMed - in process].

6. Markowitz K. The original desensitizers: strontium and potassium salts. / Markowitz K. // J Clin Dent. 2009;20(5):145-51. PMID: 19902638 [PubMed - indexed for MEDLINE]

7. Третьяков Ю.Д. Влияние анионов NO_3^-, CH_3COO^-, Cl^- на морфологию кристаллов гидроксилапатита кальция / Ю.Д. Третьяков, А.А. Степук, А.Г. Вересов // Доклады академии наук .- 2007. – Т.412. - №2. – С. 211-215.

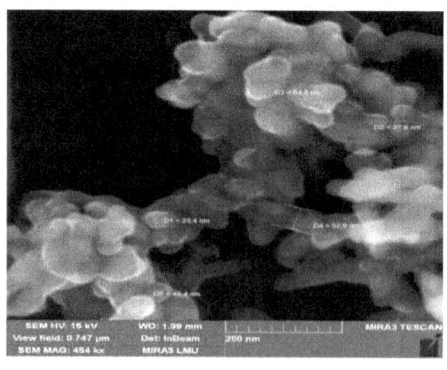

Рис. 1. Микрофотография наночастиц кристалов стронциевого гидроксилаппатита полученного методом осаждения из хлорида стронция

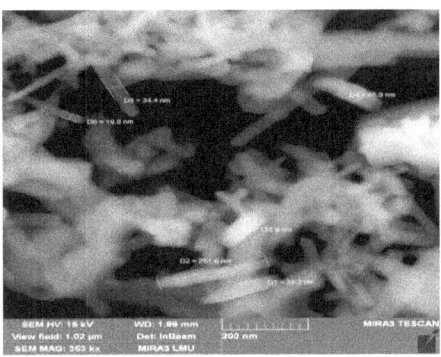

Рис. 2. Микрофотография наночастиц кристалов стронциевого гидроксилаппатита полученного методом осаждения из нитрата стронция

Рис. 3. Микрофотография наночастиц кристалов стронциевого гидроксилаппатита полученного методом осаждения ОЕДФ

*Бриль Е.А., **Смирнова Я.В., ***Бриль В.И.
* д.м.н., доцент,
заведующая кафедрой-клиникой стоматологии
детского возраста и ортодонтии,
** аспирант,
ассистент кафедры-клиники
стоматологии детского возраста и ортодонтии,
yavs.smirnova@mail.ru
*** студент 1 курса
ИС – НОЦ ИнСтом
Красноярский государственный медицинский университет
им.проф.В.Ф.Войно-Ясенецкого

РАСПРОСТРАНЕННОСТЬ ЗУБОЧЕЛЮСТНЫХ АНОМАЛИЙ И ДЕФОРМАЦИЙ У ДЕТЕЙ Г. КРАСНОЯРСКА

Зубочелюстные аномалии и деформации (ЗЧАД) у детей имеют высокую распространенность и весьма разнообразны по своим клиническим проявлениям [1, 92; 4, 68; 2, 28]. Данные о распространенности и структуре ЗЧАД определяют показания к лечению и объем лечебно-профилактических мероприятий [3, 212]. Характер и вид ЗЧАД во многом зависят от этиологического фактора, вызвавшего данное нарушение зубочелюстной системы.

В процессе изучения частоты возникновения болезней зубочелюстной системы среди детей и подростков, рядом авторов было выявлено, что с возрастом меняется как количество, так и вид ЗЧАД [3, 213]. Одновременно с данным процессом увеличивается и доля патологических состояний зубочелюстной системы, приходящейся на каждый этиологический фактор.

Следовательно ранняя диагностика зубочелюстных аномалий у условно здоровых детей имеет важное значение в связи с возвращением к диспансеризации детского населения и возможностью ортодонтической коррекции ЗЧАД у детей и подростков на всех этапах формирования прикуса.

Цель исследования. Повышение эффективности лечебно-профилактической работы врачей-ортодонтов у условно здоровых детей г. Красноярска.

Материалы и методы исследования. С целью изучения распространенности и структуры зубочелюстных аномалий и деформаций мы обследовали 1479 условно здоровых детей (детей 1-2 группы здоровья), проживающих с момента рождения в г. Красноярска.

Определение стоматологического статуса обследуемых детей и подростков проводили методами: клиническими (опрос, осмотр, проведение клинических функциональных проб), рентгенологическими и антропометрическими.

Результаты исследования. Наше исследование показало, что в период сформированного временного прикуса, показатель распространенности зубочелюстных аномалий и деформаций составил 31,83±2,44%.

В начальном периоде сменного прикуса значение распространенности было достоверно выше и составило 40,45±2,66% ($p < 0,05$). Следует отметить, что показатель распространенности оставался примерно на том же уровне и в конечном периоде сменного прикуса – 43,65±2,50%. В периоде постоянного прикуса обнаружено снижение показателя распространенности зубочелюстных аномалий и деформаций – 34,55±2,37% ($p < 0,01$).

Необходимо отметить, при обследовании 1479 соматически здоровых детей, только у 559 человек были выявлены зубочелюстные аномалии и деформации. Таким образом, показатель распространенности зубочелюстных аномалий и деформаций у условно здоровых детей г. Красноярска составлял 37,80±1,46%.

Изучение структуры зубочелюстных аномалий и деформаций у условно здоровых детей выявило преобладание показателя распространенности глубокой резцовой окклюзии – 25,32±2,30%. Реже диагностировали аномалии зубных рядов – 23,35±1,42. Дистальная окклюзия встречалась в 19,27±1,75% случаев ($p < 0,01$). У здоровых детей показатель распространенности мезиальной окклюзии составил 14,02±1,51%. Следует отметить, что значения распространенности перекрестной окклюзии и вертикальной резцовой дизокклюзии составляли соответственно 9,25±1,34% и 8,79±1,21% ($p < 0,001$). Отмечено, что глубокая резцовая окклюзия достоверно чаще встречалась в двух периодах развития зубочелюстной системы. В периоде сформированного временного прикуса показатель распространенности глубокой резцовой окклюзии составил 28,78±4,23%. В конце периода сменного прикуса этот показатель был равен 29,03±3,66%.

Нами установлено, что аномалии зубных рядов достоверно чаще встречались в конечном периоде сменного прикуса – 29,05±3,31% ($p < 0,001$). Необходимо отметить, что этот показатель в 2,7 раза превышает значение показателя распространенности аномалий зубных рядов, выявленную в периоде сформированного временного прикуса.

Анализ распространенности дистальной окклюзии у условно здоровых детей показал, что своего максимального значения показатель распространенности достигал в периоде сформированного временного прикуса – 22,17±3,17% ($p < 0,05$). Установлено, что дистальная окклюзия встречается в 1,5 раза реже в начальном периоде сменного прикуса.

Установлено, что мезиальная окклюзия у условно здоровых детей во всех изучаемых периодах развития зубочелюстной системы встречалась примерно с одинаковой частотой. Показатели распространенности мезиальной окклюзии находились в пределах 13,67% – 14,55% и различия их были недостоверны.

Исследование показало, что показатель распространенности перекрестной окклюзии достигал максимального значения в начальном периоде сменного прикуса и составлял 15,10±2,31%. Минимальное значение распространенности перекрестной окклюзии было выявлено в конечном периоде сменного прикуса 4,17±1,38%(p<0,001).

Значение распространенности вертикальной резцовой дизокклюзии у здоровых детей достигало 8,79±1,21%. Выявлено, что показатель распространенности вертикальной резцовой дизокклюзии наибольшего значения достигал в периоде сформированного временного прикуса – 16,78±3,42%, а минимального в конечном периоде сменного прикуса – 3,78±2,25% (p<0,01).

Выводы. Учитывая данные нашего исследования, мы рекомендуем врачам-ортодонтам проводить диспансеризацию условно здоровых детей с целью раннего выявления генетического фактора и экзогенных факторов в развитии ЗЧАД. Формирование 1 и 2 диспансерных групп для таких детей на приеме врача – ортодонта позволит индивидуально выявить факторы риска в развитии ЗЧАД, назначать профилактические мероприятия и проводить раннее ортодонтическое лечение. С целью раннего выявления факторов риска в развитии ЗЧАД мы рекомендуем врачам - педиатрам всех детей после трех лет направлять на консультацию к врачу-ортодонту.

Литература

1. Сирак С.В., Хубаев С-С.З., Хацаева Т.М. Распространенность аномалий зубочелюстной системы среди детского населения г. Грозного //Медицинский вестник Северного Кавказа. – 2011. – Т.24, №4. – С.92-93.

2. Хроменкова К.В., Дыбов А.М., Оспанова Г.Б. Состояние стоматологического здоровья у детей в период молочного и сменного прикуса //Стоматология для всех. – 2008. – №1. – С. 28-31.

3. Гонтарев С.Н., Саламатина О.А. Распространенность зубочелюстных аномалий и дефектов зубных рядов у детей и подростков Белгородского региона. Оценка состояния ортодонтической помощи населению //Научные ведомости Белгородского государственного университета. Серия: Медицина. Фармация. – 2011. – Т.14. – №10. – С.212-217.

4. Алимский А.В. Возрастная динамика роста распространенности и изменения структуры аномалий среди дошкольников и школьников //Стоматология. – 2010. - № 5. – С. 67-71.

Сагиндыкова А.А., Базылбекова З.У.

Сагиндыкова А.А., PhD докторант, Международный Казахско-Турецкий Университет имени Х.А. Ясави, г. Шымкент, Казахстан, .

Базылбекова З.У. доктор медицинских наук, профессор, РГП на ПХВ "Научный Центр Акушерства, Гинекологии и Перинатологии" МЗ РК, г. Алматы, проспект Достык, 125.

Электронная почта: aidaiskan@mail.ru.

АКУШЕРСКО-ГИНЕКОЛОГИЧЕСКИЕ ОСЛОЖНЕНИЯ В ТЕЧЕНИИ БЕРЕМЕННОСТИ ПРИ ХРОНИЧЕСКОМ ПИЕЛОНЕФРИТЕ

Рост числа инфекционно-воспалительных заболеваний мочевыводящих путей, в том числе и пиелонефрита, выявляется у 15 -20% лиц молодого возраста [1,24; 2,8].

Пиелонефрит – наиболее частое заболевание почек. Он занимает лидирующее место в структуре заболеваний почек во всех возрастных группах — от новорожденных до долгожителей.

В современном акушерстве и гинекологии проблема пиелонефрита выражено очень остро, так как чаще всего заболевание проявляется или возникает впервые во время беременности, обусловливая осложненное течение гестационного процесса и высокую заболеваемость новорожденных при наличии этой патологии у матери [2,10; 3,125].

Осложнения, возникающие при пиелонефрите во время беременности, ведут к возрастанию материнской и перинатальной смертности, что определяет важность его профилактики, выбора рациональной терапии и акушерской тактики [4,76].

Характерными осложнениями пиелонефрита во время беременности являются анемия (23%), гестоз (21,5-25,3%), поздний выкидыш (6%), преждевременные роды (23,6-28,6%) [4,76; 5,18; 6,1692]. Значительно возрастает частота послеродовых осложнений (31%) [7,216].

Нами с целью выявления возможных акушерско-гинекологических осложнений проведено клинико-статистическое обследование 90 женщин при беременности, протекающей на фоне хронического пиелонефрита.

Соматический анамнез в группе обследованных был отягощен наличием эндокринной патологии в 30% случаев (патология щитовидной железы - диффузный зоб, эутиреоз, гипотиреоз; нарушение жирового обмена; сахарный диабет I типа). В 1,1% случаев имела место аномалия развития почек (гипоплазия почки), в 17,6% случаев – мочекаменная болезнь. В 11,8% случаев беременность наступила на фоне вторичной артериальной гипертензии.

Из осложнений акушерско-гинекологического анамнеза следует отметить наличие длительно существовавшего бесплодия сочетанного генеза с попытками ЭКО и ПЭ в 17,6% наблюдений, в 11,7% - привычная потеря беременности (самопроизвольные выкидыши, внематочная беременность, неразвивающаяся беременность). В 4,4% случаев имело место оперативное родоразрешение при предыдущей беременности. Гормональные нарушения, потребовавшие коррекции во время беременности имели место в 23,5% случаев. Прерывание беременности при предыдущих беременностях было произведено в 23,5 % случаев в связи с развившейся тяжелой преэклампсией (в сроках 25-31 недели беременности).

Течение наступившей беременности в группе обследованных женщин осложнилось: угрозой прерывания беременности в 3,3% случаев, угрозой преждевременных родов в 17,6% . В 23,5% наблюдений имела место артериальная гипертензия существовавшая до беременности, в 11,7% случаев – преэклампсия легкой степени, в 4,4 % случаев – преэклампсия тяжелой степени. Обострение пиелонефрита наблюдалось в 5,8% случаев. Патология прикрепления плаценты выявлена в 23,5% случаев. Тромбофилические состояния выявлены в 17,6% наблюдений (АФС, синдром ДВС). Хроническая фето-плацентарная недостаточность имела место в 13,3% случаев, из них в 4,4% с явлениями декомпенсации, что потребовало досрочного прерывания беременности.

Таким образом, гестационный пиелонефрит является весомым фактором риска развития акушерских и перинатальных осложнений.

Литература

1. Антошина Н.Л., Михалевич С.И. Хронический пиелонефрит и беременность: этиология, патогенез, клиника, диагноста, лечение. // Журнал «Медицинские новости», Белоруссия, 2006 г. № 2. С. 24-33.

2. Никольская И.Г. Акушерские и перинатальные аспекты пиелонефрита: Автореф. дис. ... канд. мед. наук. М., 1999, 24 с.

3. Шехтман М.М. Акушерская нефрология. – М., 2000, 255 с.

4. Стрижаков А. Н., Баев О. Р. Пиелонефрит во время беременности // Вопросы акушерства и гинекологии. - 2007.- № 6.- С. 76-78.

5. Hill J.B., et al. Acute pyelonephritis in pregnancy. Obstet Gynecol 2005; 105(1): 18-23.

6. Le J., Briggs G.G., McKeown A., Bustillo G. Urinary tract infections during pregnancy. Ann Pharmacother 2004; 38(10): 1692-701.

7. Довлатян А.А. Острый пиелонефрит беременных. – М.: Медицина, 2004, С. 216.

Шевцова Е.Ю.
студентка IV курса, ФГБОУ ВПО «Курский государственный университет», г. Курск
E-mail: shevtsova1992@mail.ru
Лукашова О.П.
к. п. н, доцент кафедры физической географии, ФГБОУ ВПО «Курский государственный университет», г. Курск
E-mail: Olga_lukashova@mail.ru

ОХРАНЯЕМЫЕ ПРИРОДНЫЕ ТЕРРИТОРИИ КАК ЭЛЕМЕНТ ЭКОЛОГИЧЕСКОГО КАРКАСА ГОРОДА КУРСКА

АННОТАЦИЯ

В статье рассмотрены основные компоненты экологического каркаса городской территории. Особо охраняемые природные территории (ООПТ) являются основным звеном экологического каркаса. Они обеспечивают поддержание стабильности природной среды особым режимом природопользования. Охраняемые природные территории города Курска представлены лесопарками.

Ключевые слова: экологический каркас, особо охраняемые природные территории, городские лесопарки.

В настоящее время экологический каркас является одним из важнейших элементов планирования городских земель, а также основным средством сохранения благоприятной экологической обстановки в городе.

Экологический каркас территории — это совокупность ее экосистем с индивидуальным режимом природопользования для каждого участка, образующих пространственно организованную инфраструктуру, которая поддерживает экологическую стабильность территории, предотвращая потерю биоразнообразия и деградацию ландшафта [1,15].

В состав экологического каркаса входят три основных компонента: ключевые территории - это участки, на которых расположены природные сообщества, имеющие самостоятельную природоохранную ценность; транзитные территории – это участки, благодаря которым осуществляются экологические связи между ключевыми территориями; буферные территории, которые защищают ключевые и транзитные территории от неблагоприятных воздействий.

Для сохранения ключевых территорий создают особо охраняемые природные территории (ООПТ) - национальные и природные парки, заповедники, заказники. В пределах города Курска имеются несколько базовых ООПТ: Урочище Крутой лог, Знаменская роща, Урочище Солянка, Парк Моква (рис.1). Все они входят в состав «зеленого лесного кольца», созданного во второй половине 20 столетия вокруг города

Курска, для поддержания его благоприятного экологического состояния. В начале 21 столетия бурный рост селитебной застройки привел к тому, что «зеленое кольцо», вошло в состав городских земель и подверглось активному антропогенному влиянию. В результате, для их защиты, часть лесных урочищ получила статус особо охраняемых природных территорий.

Рис.1.Элементы экологического каркаса

Урочище **Крутой Лог** – искусственно созданный лесной массив, расположенный на окраине северо-западного микрорайона г. Курска, в недалеком прошлом представлял собой обширную сильно размытую овражно-балочную систему с почти голыми склонами, преимущественно большой крутизны.

Уже к 1966 году к 9 га естественного леса прибавилось 164 га искусственных лесонасаждений. Не покрытая лесом площадь оставлена за сенокосами. Почвы в овражной системе и на прилегающей территории темно-серые лесные суглинистые. Самые большие площади в урочище Крутой лог заняты культурами дуба (80га) и березы (38га). Здесь также находятся культуры лиственницы сибирской, ясеня зеленого, тополя, акации белой, бархата амурского. В качестве сопутствующих пород ввозились деревья (вяз, ясень зеленый, клен остролистный) и кустарники (лещина, терн, шиповник) [3].

Урочище **Знаменская роща** располагается в северной части г. Курска, на склоновых землях, расчлененных балками и оврагами. Еще в царствование Петра I Курский мужской монастырь приобрел в северо-западной стороне от города на берегу р. Кур большое урочище с вековыми деревьями. Территория представляет собой участок семенной дубравы значительного возраста. Отдельные дубы, ясени и липы имеют возраст свыше 200 лет. Площадь Знаменской рощи составляет 47га.

Роль урочища в экологическом каркасе города достаточно велика. Оно оказывает влияние на кислородный баланс в атмосфере, улучшая санитарно-гигиенические условия окружающего микрорайона, бурно развивающегося в последние годы. При этом Знаменская роща остается популярной зоной отдыха населения.

Урочище **Солянка** – большой лесной массив, в южной части современного Курска. Его общая площадь 1222 гектара — самая большая в Курском лесхозе. В годы ВОВ Солянка была почти полностью вырублена, однако сразу после войны началось ее восстановление. В соответствии с особенностями древесной флоры Курской области и преобладающими супесчаными почвами территории, основными культурами в посадках стали: сосна обыкновенная, дуб черешчатый, многочисленные лиственные породы (клен татарский, береза, рябина, черемуха и др.). Данная территрия вплотную примыкает к промышленной части города и ее функция в экологическом каркасе обусловлена как защитой воздушного баланса, так и поддержания уровня грунтовых вод, что в свою очередь нормализует режим р. Сейм [2].

Парк **Моква** – расположен на юго-западной окраине города Курска. Представляет собой садово-парковый ансамбль конца XVIII–XX веков. Он создавался на базе широко известных естественных дубрав вдоль р. Сейм. В начале XVIII века дубрава в парке Моква именовалась "Соколья дубрава". Территория парка Моква располагается на правом придолинном склоне р. Моква. Почвенный покров парка представлен серыми лесными песчаными почвами.

Сохранившиеся здесь старовозрастные деревья (до 200 и более лет) интересны как ландшафтно-ботанические объекты. До недавнего времени в лесопарке рос дуб-патриарх в пять обхватов, по-местному преданию – "дуб Суворова". Разнообразные по составу и возрасту насаждения парка в сочетании с выразительным рельефом местности создают неповторимый живописный ландшафт [3].

Таким образом, охраняемые территории, входящие в состав экологического каркаса несут важную средовосстановляющую функцию воздушного бассейна. Это хранилище эталонных видов биоразнообразия лесостепных ландшафтов и важные «коридоры» распространения животных и растений. В связи с этим все указанные территории нуждаются в защите от наступления селитебной части застройки города на них.

Литература

1. Георгица И.М. Ландшафтно-географический подход к конструированию экологического каркаса городов. Астрахань, 2006. – 148с.

2. Официальный сайт «Центрально-Черноземный государственный природный биосферный заповедник имени профессора В.В. Алехина». [электронный ресурс] . — Режим доступа. —http://zapoved-kursk.ru/ . Дата обращения 07.02.2014.

3. Озерова И.Ю. Антропогенное воздействие на особо охраняемые природные территории Курской области. [электронный ресурс]. — Режим доступа. — http://www.dissercat.com/. Дата обращения 06.04.2014

Мартынова Т.И.

ПЕДАГОГИКА ПЕТРА СОЛОМОНОВИЧА СТОЛЯРСКОГО И ДАВИДА ФЕДОРОВИЧА ОЙСТРАХА
(из беседы с профессором Виктором Александровичем Пикайзеном)

Одним из самых ярких представителей на ряду с такими замечательными педагогами нашего времени, как Захар Нухимович Брон и Эдуард Давидович Грач, бесспорно является Виктор Александрович Пикайзен.

Виктор Александрович единственный из учеников великого русского скрипача Давида Федоровича Ойстраха, который учился у него начиная со школы и заканчивая аспирантурой Московской консерватории. Давид Федорович Ойстрах ученик знаменитого одесского педагога Петра Соломоновича Столярского. Именно Столярскому Ойстрах обязан тому музыкальному фундаменту, который позволил ему стать обладателем первых мест на таких престижных конкурсах, как Международный конкурс имени Венявского и конкурс королевы Елизаветы в Брюсселе. Тому фундаменту, который позволил ему стать великим педагогом.

Важно отметить, что среди учеников Столярского много знаменитых имен, таких как Михаил Фихтенгольц, Самуил Фурер, Елизавета Гилельс. Виктор Александрович вспоминает, что Ойстрах рассказывал ему о своем педагоге с огромным уважением и восхищением, называя его «интуитивный художник».

Ведь история того, как Давид Федорович попал в класс Столярского подтверждает, тот факт, что Столярский действительно интуитивно чувствовал своих будущих учеников.
Это произошло на одном из спектаклей оперы «Риголетто», на котором Столярский работая в оркестре, присутствовал и заметил маленького мальчика, который увлеченно слушал музыку.
-Ты музыку любишь? – спросил Петр Соломонович.
-Очень люблю, - ответил мальчик.
-А спеть можешь?
-А какую партию? Мужскую или женскую? – уверенно спросил маленький Ойстрах.
Столярский посмотрел на руки мальчика и спросил:
-А кто твои родители?
-Вон мама в хоре поет.
-Ну, скажи маме, чтобы она ко мне подошла.
Следует отметить, что на тот момент 5-летний Додик Ойстрах уже прослушивался у музыкантов и вердикт был, что способностей к музыке у мальчика нет.

До создания школы-десятилетки (первой в Советском Союзе) Столярский занимался у себя дома.

Из воспоминаний Давида Федоровича Ойстраха: "Все углы большой квартиры, где помещалась школа, были заставлены пюпитрами, завалены футлярами, нотными папками…".

Позже, после создания школы у Столярского появился собственный класс, где присутствовала сцена. Приходя на урок ученик сразу попадал на эстраду и чувствовал себя в концертном зале. Ведь на уроке у Столярского часто присутствовало около 30 учеников, которые слушали друг друга.

Давид Федорович рассказывал, что в отличии от многих других педагогов, которые применяли в своей педагогической практике принцип групповых занятий, Столярский занимался с каждым учеником. Это же в последствии можно подчеркнуть для педагогики Ойстраха, который не позволял себе пропускать уроки своих учеников. И когда, как вспоминает, Виктор Александрович Пикайзен, он готовился к конкурсам, Давид Федорович после сольных концертов назначал уроки в половину одиннадцатого вечера. Этот факт говорит о высшей степени ответственности и добросовестность, который Ойстрах испытывал к своим ученикам. Ведь он, как и его педагог Столярский буквально заражал музыкой и любовью к ней.

Давид Федорович, говорил, что для того, чтобы научить, надо приходить на урок 2 раза в неделю. Он довольно скептически относился к такой системе обучения, как мастер-классы.

Виктор Александрович вспоминает: «Он занимался с полной отдачей. Так что он, конечно, редчайшее явление. И не удивительно, что он создал школу. Изумительную школу. У него были изумительные ученики. Сам по себе он, обладал притягательной силой и был замечательный музыкант, совершенно потрясающий виртуоз. Он был величайший скрипач, я вообще равного не помню, но при этом он был еще и прирожденный педагог».

Сам Ойстрах, характеризовал понятия педагог так: «Педагог, тот которому никогда не скучно». И ему действительно, по воспоминаниям его учеников, никогда не было скучно, он всегда искал что-то новое и пытался помочь своим ученикам, если что-то не получалось.

Виктор Александрович отмечает, что нет ничего хуже посредственного и вялого урока с учеником. К сожалению, в наше время единицы педагогов занимаются с такой же отдачей, с которой занимаются, к примеру, последователи школы Столярского.

Ассистент Петра Соломоновича, который являлся его учеником – профессор Бениамин Зиновьевич Мордкович отмечал, что если поставить в шеренгу учеников Столярского и Ауэра, то учеников Столярского всегда можно узнать. Возможно их отличие от других было в той энергетике, которую в них закладывал их педагог.

Основное на что Ойстрах обращал внимания на своих уроках, это моменты вкуса, интеллигентности, он совершенно не терпел игру на публику, «жирную», «квази-виртуозную». И не случайно все занятия с любым учеником он начинал с музыки Моцарта, потому что это была своего рода лакмусовая бумажка. Сразу видны и недостатки и какие-то положительнее моменты.

«Я поступил к нему в класс, когда мне было 13 лет, разговоры были только о музыке, вопросах музыки. Отсутствие какой-то такой дешевой «эстрадности», игры на публику, всё это изгонялось, только музыка, вкус, понимание текста и особенно подтекста» - вспоминает Виктор Александрович.

Ойстрах не любил применять в своей работе тренировочные упражнения. Он советовал играть гаммы полным звуком сначала по две ноты на смычок, затем по четыре, восемь, удваивая, учетверяя темп, не снижая динамики и скорости ведения смычка. В этом, конечно, присутствует сходство с педагогикой Столярского и тем, что он же в работе с гаммами часто просил «омузыкалить» их, и говорил, что они должны звучать как концертные произведения. Гаммы должны были исполняться с выразительным интонированием, штриховыми (detache, legato на один или два смычка) и ритмическими вариантами. Так же Столярский рекомендовал играть гаммы нескольким своим ученикам в унисон, а затем в терцию и сексту для развития гармонического слуха.

По свидетельству Виктора Александровича Ойстрах играл гаммы так, что их можно было вставлять в концерт Бетховена. Сам же Пикайзен, когда переходил из 7 в 8 класс на экзамене предоставлял на суд комиссии гаммы всех тональностей, а на экзамене исполнил 6 из них в разных видах.

На мой вопрос: «А в чем заключается индивидуальность Вашей педагогики?»
Виктор Александрович ответил: «Я стараюсь продолжать принципы Давида Федоровича Ойстраха. Стараюсь работать над вопросами вкуса, стиля. Чтобы у учеников был достаточно большой багаж, чтобы было много Моцарта, Баха. Стараюсь заниматься музыкой».
Наверно, каждый ученик таких великих педагогов, должен в своей работе опираться на тот «багаж», который в него вкладывает его педагог.

Список литературы:

1. Наталия Ломоносова «Петр Соломонович Столярский. Он мог прочесть талант в душе ребенка», Монография - Одесса, 2003.
2. М. Гольдштейн «Петр Столярский», Иерусалим, 1989.
3. Гринберг М., Пронин В., В классе П. С. Столярского // В сб.: Музыкальное исполнительство, в. 6, М., 1970, с. 162—193.
4. Ойстрах Д., Фурер С., Мордкович Л., О нашем учителе. (К столетию П. С. Столярского), «Советская музыка», 1972, № 3.

Холод В.Л.
кандидат педагогических наук, доцент кафедры педагогики
НИУ БелГУ e-mail: holod@bsu.edu.ru
Бочарова А.А.
студентка НИУ БелГУ e-mail: bocharova-ann@mail.ru

ИЗУЧЕНИЕ ТЕХНОЛОГИИ МЕТОДА ПРОЕКТНОЙ ДЕЯТЕЛЬНОСТИ В ОБРАЗОВАТЕЛЬНЫХ ОРГАНИЗАЦИЯХ БЕЛГОРОДСКОЙ ОБЛАСТИ

На сегодняшний день, в условиях реализации ФГОС, для всестороннего развития личности ребенка, педагогу необходимо индивидуально сопровождать обучающегося в процессе обучения и воспитания. Педагогическое сопровождение, осуществляемое в стенах образовательной организации, дает возможность обучающимся овладеть социально значимыми нормативами в виде заданных образцов и руководствоваться ими в собственном поведении.

В педагогические технологии вводятся элементы исследовательской деятельности учащихся, что позволяет педагогу не только учить, но и помогать школьнику учиться, направлять его познавательную деятельность. Сегодня это является первоочередной целью образования. Одним из наиболее распространенных видов исследовательского труда школьников в процессе учения сегодня является метод проектов [1, 53].

Метод проектов берет начало во второй половине XIX века. Он появился в Соединенных Штатах Америки и основывался на дидактических концепциях прагматической педагогики, которая провозгласила принцип «обучения посредством делания». Основоположником "метода проектов" в мировой педагогике считается американский философ и педагог Джон Дьюи.

Ведущей идеей этой научной школы было выполнение ребенком учебной деятельности, которая строилась по принципу «Все из жизни, все для жизни». Данный метод называется методом проблем и связывается с идеями гуманистического направления в философии и образовании.

Дьюи предлагал строить обучение на активной основе, через целесообразную деятельность ученика, сообразуясь с его личным интересом именно в этом знании. Отсюда чрезвычайно важно было показать детям их собственную заинтересованность в приобретаемых знаниях, которые могут и должны пригодиться им в жизни. И для этого требуется проблема, взятая из реальной жизни, знакомая и значимая для ребенка, для решения которой ему необходимо приложить полученные знания и новые, которые еще предстоит приобрести [2, 155].

Основной задачей обучения по методу проектов является исследование детьми вместе с учителем окружающей жизни. Современный проект обучающегося – это средство обучения для активизации познавательной деятельности, развития креативности и одновременно формирования определенных личностных качеств [3, 58].

Проанализировав результаты проведенного анкетирования, мы пришли к выводу, что проектная деятельность за короткое время стала неотъемлемой частью учебной и воспитательной работы учителей и увлечением самих обучающихся в Белгородской области. Создавая проекты, дети получили новые возможности самореализации, а учителя – новую мотивацию для работы. Ведь руководство и успешные защиты готовых проектов – это шанс совершенствовать свои профессиональные навыки. Учителю интересно работать в данном направлении, помогать детям в постановке целей и задач, выборе правильных методов работы. Большинство опрошенных нами учителей уже в полную или практически полную силу работают над проектной деятельностью. Учителя охотно делятся этими методами со школьниками, помогая им в создании и защите проектов.

Но не обходится и без некоторых трудностей при осуществлении проектной деятельности. С силу личностных особенностей каждого человека, некоторым учителям было трудно перестроиться работать по-новому. Особенно это выражено у тех личностей, общий педагогический стаж более 20-ти лет. Давно работающие учителя уже имеют свои навыки проведения уроков, внеклассных мероприятий, научных исследований, поэтому им требовалось больше времени на освоение новых методик, приемов.

Оценив заинтересованность учеников работой над проектной деятельностью, мы можем сделать вывод, что проекты – одно из самых актуальных и важных занятий в школе на сегодняшний день. Через создание проектов дети с большим интересом изучают любой предмет. Школьники могут самовыражаться с помощью создания и защиты собственных проектов. Они получают хороший опыт работы как самостоятельно, так и в группе. Дети развиваются, узнают разнообразные методы и приемы работы с материалом и различными предметами, могут открывать в себе новые способности, склонности к той или иной тематике, что в дальнейшем может определить их профессиональную ориентацию. Это показывает, что внедрения проектной деятельности в жизнь школьников имеет положительное влияние.

По результатам анкетирования мы выяснили, что информация о введении в школы проектной деятельности широко распространена среди родителей учащихся. Все они довольны нововведением и готовы полностью поддержать своих детей во всех начинаниях заниматься проектами. Родители заметили, что повысилась успеваемость их детей с тех пор, как они начали заниматься созданием проектов. У них повысился интерес к изучаемым предметам, а это залог успешной учебы.

Отметим, что проблема введения проектной деятельности в школы в последнее время стала очень актуальной и остается таковой на сегодняшний день. Это важный момент в системе образования, поэтому он заслуживает особого внимания. В настоящее время рабочие программы ориентированы на создание проектов и их защиты по разным предметам. Они рассчитаны на обучающихся любой возрастной категории. Метод проектов способен обеспечить школьников необходимыми умениями для взрослой жизни.

Для ученика, который занимается созданием и защитой проектов, открыты различные перспективы дальнейшего образования и работы. Если ребенок научится работать самостоятельно и в группах, соблюдать методические рекомендации по проведению исследований, то ему не составит труда освоить новую деятельность, влиться в любой рабочий коллектив, получить престижную и высокооплачиваемую профессию. Школьник, получивший определенные навыки и умения в проектной деятельности, автоматически становится на новый уровень развития.

Мы считаем, что проектная деятельность будет способствовать повышению успеваемости обучающихся в дальнейшем. Это еще один шаг для развития и воспитания современного члена нашего общества.

Литература

1. В.Л Холод, Н.П. Понеделко, М.В. Мотайло Становление личности школьника: индивидуальное сопровождение: учебно-методическое пособие / отв. ред. доц. В.Л. Холод. – Белгород – Головчино: Изд-во БелГУ, 2013. – 153 с.
2. Коллингс Е. Опыт работы американской школы по методу проектов. – М.: Новая Москва, 1976. – 288 с.
3. Содержание деятельности учителя современной школы: учеб методическое пособие / авторы-составители В.Л Холод, А.В. Холод, О.А. Герасименко; под ред. доц. В.Л. Холода. – Белгород: Изд-во БелГУ, 2009. - 298 с.

Хацринова О.Ю.
доцент, к.т.н., Казанский национальный исследовательский
технологический университет
Khatsrinovao@mail.ru

ТЕХНОЛОГИЯ ФОРМИРОВАНИЯ МЕТОДИЧЕСКОЙ КОМПЕТЕНТНОСТИ В СИСТЕМЕ ПОВЫШЕНИЯ КВАЛИФИКАЦИИ ПРЕПОДАВАТЕЛЕЙ ИНЖЕНЕРНЫХ ВУЗОВ

Качество системы высшего образования в настоящее время во многом определяется компетентностью научно – педагогических кадров. Задачей системы повышения квалификации является передача современных знаний и развитие недостающих для профессионально-педагогической деятельности компетенций в соответствии с требованиями образовательной среды и личностными потребностями.

Цель повышения квалификации преподавателей вуза заключается не в насыщении его большим объемом новой информации, сколько в развитие навыков оперирования инновационным предметным содержанием знаний в соответствии с требованиями отрасли, а также проектирования и моделирования профессиональной деятельности в процессе подготовки компетентных специалистов.

Современная система повышения квалификации преподавателей должна представлять собой гибкую динамичную систему, адекватную требованиям, как системы образования, так и личности преподавателя.

Программы подготовки по инженерным специальностям относятся к высшей категории сложности. Это обуславливает необходимость постоянного изучения всех новшеств в научной и производственной областях. Все инновации должны найти свое отражение в учебных планах и рабочих программах подготовки будущих специалистов. Поэтому развитие методической компетентности должно выступать приоритетным направлением повышения квалификации преподавателя инженерного вуза[1,241]. Именно в методической деятельности развивается профессионализм, происходит обогащение предметных, научных, психолого – педагогических, дидактических, методических знаний и умений, развитие профессионально – ценностных ориентаций, творческого стиля мышления, формируются потребности в профессиональном самообразовании, саморазвитии. Переход преподавателя с более низких на более высокие уровни достигается в процессе профессионального самосовершенствования через систему повышения квалификации, так и с помощью самообразования (самостоятельное овладение новейшими научными достижениями в области предметных методик). Таким образом, методическая компетентность должна постоянно развиваться [1].

Это приведет к накоплению и осмыслению передового педагогического опыта, анализа достижений и на их основе реконструкции собственной деятельности через изучение имеющихся способов преподавания, на этой основе их усовершенствование, перестройка установок, ценностей, мотивов педагогической деятельности.

Используемая технология обучения базируется на двух уровнях управления: самоуправления и соуправления. Она носит развивающий характер, поскольку способствует самореализации возможностей и ресурсов развития методической компетентности в педагогической деятельности.

В формально описательном аспекте технология обучения представляет собой совокупность целей, содержания, методов и средств, необходимых для достижения планируемых результатов. Цели технологии: на уровне самоуправления – овладение максимально полным содержанием и способами формирования методики преподавания предмета, профессионально-педагогической самореализации, развития индивидуального стиля методической деятельности и самоосуществления возможностей развития Я - профессионального в методической деятельности. На уровне соуправления – актуализация потребности преподавателя в формировании методической компетентности, предоставление возможности развития Я - профессионального в методической деятельности посредством формирования рефлексивно – творческих умений преподавателя.

В процессуально – действенном аспекте технология представляет собой описание процесса, способов обучения, последовательную, взаимосвязанную систему действий преподавателя, направленных на уровне самоуправления на развитие методической деятельности и на уровне соуправления - планомерное воплощение на практике предварительно запроектированного образовательного процесса путем ориентации его на прогнозируемые результаты обучения.

Функционирование и развитие технологии обучения достигалось при наличии соответствующего программно-методического обеспечения, удовлетворяющего требованиям научности, технологичности, достаточной полноты и возможности осуществления. Программно-методическое обеспечение в рамках реализации технологии обучения включало в себя программу развития методической компетентности и диагностический инструментарий.

Содержание программы составили блоки-модули, раскрывающие сущность методической компетентности преподавателя инженерного вуза, содержание и структуру, механизмы формирования, условия проявления ее в реализации образовательного процесса, способы проектирования процесса саморазвития, особенности ее индивидуального стиля.

Процесс обучения осуществлялся путем создания ситуаций, требующих активного погружения каждого участника программы в процесс ее освоения, создания поддерживающей среды для закрепления положительных результатов, полученных в ходе обучения. Создание условий для активного творческого самовыражения преподавателя и его участия в конкретной педагогической деятельности на базе новых теоретических знаний и полученных способов действий, в преодолении внутренних барьеров по проявлению методического потенциала.

Механизм внедрения технологии интегрировал в себя три стадии: 1) выделение и создание условия для ее реализации, 2) стадию практического конструирования, когда весь используемый методический инструментарий как бы применялся к уровню методической компетентности каждого преподавателя, к особенностям обучающейся группы, 3) апробацию технологии и фиксирование реальных результатов обучения.

Диагностический инструментарий, используемый с этой целью, определялся комплексом методик, основанных на совокупности критериев и показателей развития методической компетентности.

Полученные после внедрения технологии обучения в образовательный процесс подготовки преподавателей инженерного вуза результаты имеют субъективный, в основном, отсроченный и вариативный характер. Во всех видах методической деятельности они не являются идентичными. В целом, после обучения, степень проявления показателей развития методической компетентности оказалась несколько выше, чем до обучения (в среднем, на 0,42).

Это позволяет сделать вывод о том, что технологию обучения, направленную на развитие методической компетентности преподавателя инженерного вуза можно адаптировать к любым условиям, в ее рамках возможна коррекция недостатков отдельных процедур и операций, из которых состоит технологический процесс, формируются новые механизмы, направленные на осуществления процесса самореализации преподавателя вуза.

Литература:

1. Хацринова О.Ю. Развитие методической компетенции преподавателя химико-технологических дисциплин научно исследовательского университета / О.Ю. Хацринова // Вестник технологического университета, Казань, КГТУ. – 2011. – С.241-245.

Зайцева Н.Г.
аспирант лаборатории сравнительной педагогики
НАПН Украины (г. Киев)

РОЛЬ АМЕРИКАНСКИХ ОБЩЕСТВЕННЫХ ОРГАНИЗАЦИЙ В ПОДДЕРЖКЕ И РАЗВИТИИ ДВУЯЗЫЧНОГО ОБУЧЕНИЯ В США

На современном этапе развития мирового образовательного пространства можно увидеть две тенденции: усиление культурного и языкового взаимодействия народов и стремление наций к сохранению языковой и культурной самобытности. Соответственно возрастает актуальность вопроса о введении двуязычного обучения в школах и других учебных заведениях разных стран мира, в том числе Украины. США – многонациональная страна, которая имеет богатый опыт двуязычного обучения. Помимо школ и университетов в Соединенных Штатах существует ряд организаций, работа которых направлена на поддержку и развитие двуязычного обучения. Наиболее значимой организацией, которая занимается вопросами двуязычного обучения в Америке, является *Национальная ассоциация двуязычного образования* (National Association for Bilingual Education, NABE).

NABE – единственная национальная профессиональная организация, которая представляет интересы двуязычных учеников и двуязычных специалистов в области образования. Имеет партнерские организации в 20 штатах страны. Членами ассоциации являются учителя двуязычного обучения и изучения английского как второго языка, учителя средней школы, преподаватели и студенты университетов, исследователи, адвокаты, политики, а также родители.

NABE занимается профессиональным языковым развитием учащихся, обеспечением финансирования двуязычных программ на федеральном и штатном уровне, приобщением родителей и различных организаций к информированию общественности об эффективности двуязычного образования, обеспечением ресурсами лиц, ищущих работу через интернет-центр NABE и т.д. Совместно с другими правозащитными и образовательными организациями NABE защищает права языковых меньшинств Америки [1]. NABE заявляет о намерении в перспективе работать над поддержкой образовательной политики и программ, которые дадут возможность всем учащимся стать билингвами (двуязычными), защитой прав и интересов языковых меньшинств Америки, которые чувствуют угрозу со стороны англоязычных экстремистов. NABE готова оказать необходимую поддержку организациям (филиалам) по защите прав двуязычных граждан, наполнять информацией сайт NABE с целью внесения большего количества ресурсов для ее членов, обеспечить гарантии того, что пересмотр *Закона о начальном и среднем образовании* (Elementary and Secondary Education Act) будет направлен на реализацию равных прав и защиту интересов учащихся языковых меньшинств и т.д. [2]

Особое место занимают также следующие американские организации, работа которых посвящена развитию двуязычного обучения в США:

1. Работа по усовершенствованию и распространению обучения на различных языках на всех уровнях обучения возложена на *Американский Совет по преподаванию иностранных языков* (American Council on the Teaching of Foreign Languages, ACTFL). Эта организация является самостоятельной крупной организацией, которая включает более чем 12000 языковых специалистов, учеников и студентов, администраторов всех уровней (от начального звена образования до образования выпускников).

2. Разностороннюю поддержку двуязычному образованию, ресурсы и информацию для введения двуязычных программ предоставляет *Ассоциация двуязычного образования Калифорнии* (California Association for Bilingual Education, CABE).

3. Распространением передового опыта в области образования, демонстрируя высокий уровень профессионального развития, занимается организация *Преподаватели английского языка Калифорнии носителям других языков* (California Teachers of English to Speakers of Other Languages, CATESOL), объединяющая учителей и преподавателей английского языка в Калифорнии и Неваде.

4. Развитию высококачественной образовательной политики и практики учащихся, которые являются носителями различных языков и культур, включая изучение английского языка, способствует профессиональная организация *Ассоциация многоязычного и мультикультурного образования Иллинойса* (Illinois Association for Multilingual Multicultural Education, IAMME).

5. Обеспечение управления, пропаганды и поддержки успешного раннего обучения и преподавания языка является миссией *Национальной сети для раннего обучения языку* (National Network for Early Language Learning, NNELL). Основанная в 1987 г., NNELL предоставляет ценные ресурсы для педагогов, родителей и политиков [3].

В США существуют также международные организации, которые поддерживают двуязычное обучение:

1) *Международная ассоциация преподавателей английского языка как иностранного* (International Association of Teachers of English as a Foreign Language, IATEFL) занимается развитием и поддержкой преподавания английского языка специалистами по всему миру;

2) *Проект развития преподавателей английского языка в России* (English Language Teacher Development Projects in Russia, ELTDPR) существует как сеть непрерывного профессионального развития (CPD), объединяет участников проектов непрерывного профессионального развития России в единую сеть для внутренних консультаций и обмена информацией [3].

Таким образом, можно говорить о том, что работа американских государственных и международных организаций, занимающихся вопросами двуязычного обучения, посвящена усовершенствованию и распространению обучения на различных языках на всех уровнях обучения, предоставлению разносторонней помощи двуязычному образованию (ресурсов, информации, финансовой, юридической, политической поддержки) для введения двуязычных программ и развития двуязычного обучения по всему миру, а также распространению передового опыта в области образования, демонстрируя при этом высокий уровень профессионального развития.

Известно, что большую помощь детям в изучении языков часто оказывают родители. Если они имеют достаточный уровень образования и не заняты на работе, то могут принести детям немалую пользу в овладении вторым языком. Для этого они сами должны быть достаточно осведомлены в этом вопросе. В связи с этим в Соединенных Штатах существует много организаций, программ, центров, сайтов и прочего, поддерживающих вовлечение родителей в двуязычное обучение учащихся.

Оказать помощь друг другу могут семьи, у которых дети вовлечены в двуязычное обучение. Обмен опытом и информацией в таких случаях производится через «Двуязычную / бикультурную семейную сеть», (Bilingual / Bicultural Family Network), «Веб-страницу двуязычных семей» (Bilingual Families Web Page), «Центр семейной информации» (Family Info Center), «Национальную коалицию по привлечению родителей в область образования» (National Coalition for Parent Involvment in Education), «Национальную информационную сеть родителей» (National Parent Information Network) и пр.

Сотрудничество родителей, учителей и других специалистов области двуязычного обучения осуществляется благодаря таким организациям: «Национальная ассоциация родителей и учителей» (National Parent Teachers Association), «Академический успех моего ребенка: пути помощи вашему ребенку (Департамент образования США) (My child's Academic Success: Helping Your Child Series) (US Dept. of Education), «Руководство по образованию испаноязычных семей» (A Guide to the Tool Kit for Hispanic Families) [4] и мн. др., которые занимаются помощью родителям двуязычных детей.

Это означает, что, желая помочь своим детям, родители могут сами обогащаться знаниями и опытом, общаясь между собой, а также с учителями и другими профессионалами двуязычной сферы образования, которые могут оказать существенную помощь и поддержку в двуязычном обучении.

Таким образом, можем констатировать, что кроме различных учебных заведений, развитием двуязычного обучения в США занимается большое количество различных центров, сайтов, организаций и ассоциаций, как государственных, так и международных. В состав таких организаций входят учителя, преподаватели, родители, языковые специалисты, исследователи, ученики, студенты, администраторы, политики, юристы и пр., которые работают над усовершенствованием системы двуязычного обучения в Америке. Благодаря этому эффективность двуязычного обучения там постоянно возрастает.

Литература

1. About NABE [Eh/r]. – R/d: http://www.nabe.org/AboutNABE
2. National Association for Bilingual Education [Eh/r]. – R/d: http://www.nabe.org/
3. Top Organizations for Bilingual Education [Eh/r]. – R/d: http://www.teach-nology.com/teachers/bilingual_ed/pro_organizations/
4. Parent Involvement Links [Eh/r]. – R/d: http://jan.ucc.nau.edu/~jar/Parent.html

Сечкарева Г.Г.

кандидат педагогических наук, доцент кафедры теории, истории
педагогики и образовательной практики ФГБОУ ВПО АГПА
sechkareva@yandex.ru

Варзер М.В.

студентка 4 курса ФГБОУ ВПО АГПА филологического факультета
maria_kli5@mail.ru

ЭТИМОЛОГИЧЕСКИЙ АНАЛИЗ В СРЕДНЕЙ ШКОЛЕ КАК ОДНО ИЗ СРЕДСТВ ПОВЫШЕНИЯ ОРФОГРАФИЧЕСКОЙ ГРАМОТНОСТИ УЧАЩИХСЯ

По мнению большинства филологов, беспроверочные написания – один из самых трудных разделов обучения орфографии. На уроке в средних классах непроверяемые слова обычно заучиваются без объяснений, так как из – за обилия изучаемого материала учителя не хотят тратить время ещё и на словарную работу. Парадоксально, но словарная работа зачастую ведется без какой – либо взаимосвязи с другими видами орфографической работы. Изучение слов с непроверяемыми безударными гласными ведется в отрыве от изучения тех случаев, где орфограмму можно проверить, хотя в обоих случаях искомым является умение обнаружить гласный звук в слабой позиции и поставить его в сильную. Несомненно, всё это подрывает усвоение в сознании средних школьников понятия «орфографическая система». [1,108]

Так как же организовать эффективное усвоение беспроверочных написаний, не обращаясь к заучиванию? Очевидно что ученика общеобразовательной школы скорее заинтересует не грамматическая форма слова, а его лексическое значение, не форма, а содержание. Пояснение лексического значения слова или исторического аспекта при проведении словарной работы активизирует интерес средних школьников к предмету «Русский язык» и усиливает познавательную деятельность при обучении орфографии. Использование на уроке исторической справки помогает поставить орфографию на научный, исторический фундамент, школьники замечают эту связь и тесно связывают грамотное письмо с историческими процессами в языке. Так например, запомнив тот факт, что слово «огурец» произошло от древнегреческого «огур» (незрелый, зеленый), ребята уже никогда не ошибутся при написании этого слова.

Для повышения орфографической грамотности учащихся необходимо прежде всего работать с самой орфограммой. Орфографически – грамотное письмо предполагает умение находить и узнавать различные явления языка. Этим явлением может быть как наличие проверяемого безударного гласного звука в корне слова, так и применение исторической справки для проверки слова. Этимологический анализ и его элементы заставляют средних школьников остановиться и задуматься об истоках слова. Таким образом, грамотно применяя этимологический анализ на уроках русского языка в общеобразовательной школе, вы приобретете «надежного помощника», который будет стоять на «страже орфографии».

В научном обосновании нуждается, например, правило о правописании гласных, не проверяемых ударением. Школьный учебник не разъясняет их правописание, ограничивается лишь советом запомнить предлагаемый перечень слов, что вызывает значительные трудности у учащихся, во-первых, ввиду их многочисленности, а во-вторых, как известно из психологии, механическое запоминание ослабляет учебную мотивацию и затрудняет получение знаний. И конечно, не стоит упоминать, что такое обучение является не интересным для подростков.

Применение этимологического анализа и его элементов позволяет привить интерес к урокам русского языка, путем занимательных упражнений, развить языковое чутье, расширять кругозор сделать запоминание более легким, расширить словарный запас ученика. И все это будет происходить на наглядной и научной основе!

Элементы этимологического анализа и исторические комментарии об истории слов похожи на сказки и истории. Поняв, с помощью этимологического анализа, как образовалось словарное слово, можно легко усвоить его написание, не прибегая к заучиванию.

Таким образом, можно сделать вывод, что такое явление, как этимологический анализ, на уроках русского языка в среднем звене общеобразовательной школы является вполне теоретически и практически обоснованным. Применение этимологического анализа в общеобразовательной школе способно существенно улучшить орфографическую грамотность учеников, так как в основе этимологии лежит не только механическое запоминание, но и наглядное, образное и логическое мышление учащегося. Кроме того, этимологический анализ сделает урок насыщеннее и ярче, расширит кругозор учеников и их словарный запас, привьет уважение и интерес к истории нашего языка.

Если в словарную и орфографическую работу на уроке русского языка внести систематическое применение этимологических справок, то это научит школьников замечать новые слова и разъяснять их значение. Следствием этого становится повышение орфографической грамотности учащихся.

Литература

1.   Щерба Л.В. Теория русского письма. – Ленинград: Ленинградское отделение «Наука», 1983. – с.108-114.

2.   Кохичко А.Н. Этимология в помощь орфографии: Пособие для учителя 1-4 классов. Мурманск, 1995. - 129 с.

3.   Разумовская М. М. Методика обучения орфографии в школе. М.: Дрофа, 2005 г., 187 с.

Belyakova L.G.
Candidate of pedagogical Sciences,
The Moscow secondary school № 118
CURRENT DEVELOPMENT PROBLEMS OF CHILDREN'S GIFTEDNESS IN ADDITIONAL EDUCATION SYSTEM

During the reform of the Russian education system focuses on creating the conditions for improving the quality of training and development of quality talent in different activities in different areas and at different levels of education. Today, public discussions are about the quantity and quality of children basic education from an early age, so a specific role for further education contributing to the individual characteristics of each gifted child. The problem of "giftedness" and "children's giftedness" is relevant and one of the most controversial issues in the psychological, educational, art-science and practice.

To justify the theoretical foundations for the development of children's giftedness by studio sessions of additional education examine current trends in working with gifted children and pioneering development of supplementary education, guided by the state's educational policy of the Russian Federation, which is reflected in such legal documents as: "National Doctrine of Education of the Russian Federation until 2025", "The concept of modernization of Russian education for the period up to 2015", Federal Target Program "Development of Education for 2011-2015", Federal Law "On Education in the Russian Federation", Federal State Educational Standard for preschool education.

Law "On Education in the Russian Federation" [4] provides that students can choose different courses additional, optional, elective in their educational institution, in other using e-learning. According to the law for the Russian Federation citizens opportunities should be created for different forms of organization of the educational process in kindergarten, in the family, at school, preschool groups, institutions of additional education that will contribute to the development of innovative high-quality children's giftedness. In this regard, there is a necessity to create innovative pilot programs of additional education, aimed at identifying gifted children and youth at an early age. Teachers develop children's giftedness in different areas and at different levels of education, both in the media practice of preschool education, and through studio sessions of additional education, taking into account age, emotional, intellectual and physical factors on the principles of continuity, succession.

Law "On Education in the Russian Federation" guarantees access to free in accordance with federal state educational standards for preschool, primary, general, basic general and secondary education, vocational education. Law indicates, to realize the right of everyone to education, the need to assist persons who have shown outstanding ability to show a high level of intellectual development and creative abilities in a specific area of educational and research activities in scientific, technical and artistic creativity in physical Culture and Sports.

Additional education teachers in developing programs of studio work to develop children's giftedness into account the recommendations of teachers, psychologists and requirements of SanPiN. For example, our original program "Children's giftedness" [1] additional primary art education is based on a modern regulatory framework, on the principles of pedagogy "non-violence", which provided a methodology of "cooperation" and includes all sanitary standards and requirements. Requirements of SanPiN to the regime of the day and organizing educational and determine the duration of the educational process, the maximum amount of educational load compliance regime of the day preschooler additional studio sessions. The recommended duration of continuous direct educational activities for kids children 1.5-3 years - no more than 10 minutes, 3-4 years - no more than 15 minutes, for children 4-5 years - no more than 20 minutes, for children 5-6 years - no more than 25 minutes, for children 6-7 years - not more than 30 minutes [2].

Similar duration of the child's activity, experts recommend in the studio and work with children. Also, additional education teachers in the preparation of programs for studio work with children, it is important to consider the recommendations that the educational activities with children preschool age can be done in the afternoon after a nap, lasting no more than 25-30 minutes, with the mandatory inclusion of sports moments in static classes character. Despite the fact that in practice the mass educational activities requiring increased cognitive activity and mental stress children, requirements Sanitary [2] should be organized in the first half of the day, and for the prevention of fatigue children recommended physical training, music lessons, rhythm. We recommend planning extra classes for preschool children in the second half of the day. These additional studio exercises held in the afternoon, a job is the children's studio of fine art, computer art, studio English language, choreography studio and others.

In a further in-depth education teachers develop and educate children in all educational areas in the immediate educational activities. In popular practice of preschool education, some researchers have identified ten educational areas: health, physical culture, knowledge, music, work, reading fiction, communication, security, artistic creativity, socialization, which are interconnected and integrated educational activities in the immediate pre-school children for the full development of the child. For all these areas of education and development of children is possible to create additional studio sessions in early childhood education, developing children's giftedness: athletic, intelligent, musical, literary, artistic, theatrical and other forms of giftedness in children. Standard pre-school education, in force since January 1, 2014, offers five educational areas that guide the development and education of children: social and communicative development, cognitive development, language development, artistic and aesthetic development, physical development [3].

Scientists and teachers distinguish the main types of children's activity: cognitive research, work, artistic and creative, communicative, motor, which can also be arranged studio teaching. Separation into species and areas of activity for all the programs of additional education of preschoolers can have options, but the bottom line is that the game is the main children's activities. The game is necessarily present in all studio classes additional pre-school education in fine arts, creativity in the computer, in the English language, choreography, and other kinds of children's activities, developing giftedness. Content of the experimental work and practical experience studios, as well as the development methodology based on the children's giftedness and academic traditions in modern studies and were most effective and innovative teaching technologies develop children's giftedness. That, in turn, is the theoretical basis for the development of children's giftedness by studio sessions of additional education.

Teachers of urban internship platform based on the Moscow school number 118, implementing the project "Pre-school education: intellectual resource for the development of the nation. Gifted children. Support children's initiative" created the conditions for the implementation of innovative educational projects, programs and implementation of their results in practice, based on the work: scientific, creative, research, methodology, preparation, organization, diagnostic. Job platform was carried out in the form of workshops, round tables, open sessions, master classes, individual remote online consultations, webinars. Development theme of children's giftedness by additional education studio sessions for various activities aimed at stimulating the emotional, physical and intellectual activity is interesting and relevant as well as theme and organization of experimental work and the creation of scientific and educational environment in preschool educational institution for the development of different types of giftedness in children. Teachers of school number 118 demonstrated successful examples development children's giftedness by additional studio sessions in English (voice talent), choreography classes (musical aesthetic and dance and choreographic talent), occupations in the art studio (artistic and aesthetic genius) on training in the form of a master classes. Training on the theme: "Development of children's giftedness by studio sessions of additional education" was held 03/28/2014 with the participation of guests trainees from among Moscow teachers, psychologists and educators. Dissemination event included speeches, messages, educators: G.B. Loginova, G.N. Masich, R.G. Kazakova. In master classes attended by teachers: A.P. Trifonova, Z.S. Ulyanova, E.V. Zhukova, N.V. Laryushina, A.G. Melnikova.

In the preschool department of the Moscow school number 118 work was carried out with parents, who recommended the continuation of the development of individual abilities of children, both at home and in studios, groups and sections in accordance with the children's level of development and interests. On the basis of the kindergarten children to attend extra classes in areas visual arts, English, mathematics entertaining, choreographed aerobics and mobile games, kalokogatiya ethics, aesthetics and ecology. Interviews were conducted with caregivers, teachers and parents about the methods of identifying the different types of children's giftedness and ways of development and support of gifted children. Development of giftedness in children carried out in studios additional education with the development and promotion of emotional, physical and intellectual activity.

So today the development of giftedness in children included in the system of additional education in the studios and in the general education system as part of an integrated training, both in preschool and in schooling. A job internship platform is an innovative and effective form of dissemination of progressive teaching experience education of children in the system of additional education.

Bibliography:

1. Казакова Р.Г., Белякова Л.Г. Детская одаренность: учебное пособие МПГУ. - М.: изд. «Перо», 2013.

2. Санитарно-эпидемиологические требования к устройству, содержанию и организации режима работы дошкольных образовательных организаций СанПиН 2.4.1.3049-13.

3. Федеральный государственный образовательный стандарт дошкольного образования, ст.2.6. (Действует с 01 января 2014 года).

4. Федеральный Закон № 273-ФЗ от 29.12.2012 «Об образовании в Российской Федерации».

Якименко А.А.

доцент, к.филол.наук, НГЛУ им.Н.А.Добролюбова

ОСНОВНЫЕ ТЕНДЕНЦИИ В РАЗВИТИИ ОТЕЧЕСТВЕННОЙ НАУЧНО-ПОПУЛЯРНОЙ ЖУРНАЛЬНОЙ ПЕРИОДИКИ НА СОВРЕМЕННОМ ЭТАПЕ(НА МАТЕРИАЛАХ НАУЧНО-ПОПУЛЯРНОГО ЖУРНАЛА «ИСТОРИЧЕСКИЙ ЖУРНАЛ HISTORY ILLUSTRATED»)

В середине XX века, когда вера в счастливое послевоенное будущее была неразрывно связана с верой в технический прогресс, научно-популярная журналистика приобрела авторитет как искусство «перевода» с языка учёных на язык массового читателя. Тогда же сложилась школа научно-популярной журналистики в России, которая считается эталонной и поныне. Но оказалось, что популярность самой науки – величина непостоянная, и уже к концу 80-х годов ее престиж начал падать. Это неизбежно повлекло за собой снижение востребованности научно-популярной периодики. Разрушение советской идеологической системы привело к практически полному исчезновению научной тематики из периодики: в центральных изданиях не стало специализированных рубрик, посвящённых достижениям научной мысли, а тиражи научно-популярных журналов сократились в десятки, а то и в сотни раз.

В девяностые годы научно-популярные издания были вытеснены материалами, посвящёнными лженауке и паранауке: на пике популярности оказались тексты о чудесах, паранормальных явлениях, предсказателях, целителях, экстрасенсах, НЛО, снежном человеке и т.п. Однако уже в начале 2000-х публика пресытилась лженаучными концепциями и стала относиться к ним скептически. В результате ниша снова опустела.

Начало постепенного, едва заметного возрождения интереса к научной журналистике приходится на середину 2000-х годов: возникающие и оживающие научно-популярные журналы впервые за два десятилетия начинают понемногу соперничать с наиболее известными глянцевыми журналами life-style. «Это явление вполне объяснимо законом ритмических колебаний коллективного сознания, в свое время подробно описанным В.М. Бехтеревым. «Наевшись» ранее запрещенной пищи (красивых картинок о роскошной жизни), потребитель неизбежно желает новых вкусовых ощущений. Научно-популярная тематика как раз и оказывается такой «гурманской» сменой»[1; 219].

На гребне этой волны в 2005 году начинает выходить научно-популярный иллюстрированный «Исторический журнал History Illustrated».

На рынке периодики данный журнал «близок по характеру к таким ежемесячникам, как "GEO", "National Geographic", "Вокруг света", "Focus", "Караван истории", но отличается богатством и уникальностью изобразительного материала. History Illustrated высококачественное издание, печатаемое на тяжелой глянцевой бумаге - скорее альбом, нежели журнал.

В какой-то степени History Illustrated - это пополняемая коллекция редких иллюстраций, найденных в запасниках музеев, хранилищах библиотек и архивов. Возможно, не будь этого журнала, многие картины, гравюры, офорты, автографы так никогда и не увидели бы свет...»[3].

С точки зрения классификации журналу можно дать следующие характеристики:

• Журнал отечественный.
• По степени научности, по критериям, выделяемым И. Яковенко – долей научной тематики в общем объеме публикаций, наличием научно-популярного стиля изложения, присутствием ученых и известных популяризаторов науки среди авторов и членов редколлегий – журнал бы следовало отнести к группе «А», которую он называет «Научно-популярной классикой», - «издания, в которых доля научно-популярной тематики выше 50%, среди авторов более половины – действующие ученые, большинство материалов написаны научно-популярным стилем»[4]
• По классификации М. Загидуллиной, журнал, на наш взгляд, в большей степени соответствует четвёртому уровню популяризации – его можно отнести к группе изданий для специалистов «другого цикла дисциплин» [1;220], то есть для людей с высшим неисторическим образованием.
• С точки зрения включенности в рекламный рынок журнал попадает в группу «Без рекламы».
• По шкале универсальности контента - «Исторический журнал History Illustrated» - издание специализированное, тематическое – журнал относится к историческим.

Отметим, что журнал «Исторический журнал History Illustrated» не попал в «Обзор рынка научно-популярных журналов России» И. Яковенко. На наш вопрос с просьбой прояснить критерии, по которым издание не было включено в список рассматриваемых научно-популярных журналов, мы получили следующий ответ от Национальной тиражной службы: «Отсутствие этого журнала, это, безусловно, недостаток обзора и наш «прокол». Мы изначально отнесли журнальную продукцию «НБ-Медиа» к научным, академическим журналам, и поэтому не включили в обзор».

По итогам анализа 6 номеров журнала за 2013 г. можно сделать следующие выводы:

- Во всех **заголовках** обязательно присутствуют *ключевые слова* текста, что помогает читателю понять, о чем будет материал. Но оригинальностью названия текстов в журнале чаще всего не отличаются, хотя иногда встречаются и удачные находки (например, «**Ирис японский – цветок самурая и символ успеха**»: этот заголовок благодаря инверсии напоминает строки японских стихов и удачно коррелирует с содержанием материала. Ритмический рисунок фразы упрощает её восприятие, несмотря на длину).

- Большинство текстов журнала (около 70%) написано в **жанре статьи**, встречаются портретные очерки и информационные заметки.

- В журнале сотрудничают как **профессиональные журналисты** (Екатерина Дубровская, Алексей Стрельников, Виктория Диллон и др.), так и **ученые-историки**, например, историк-архивист Дмитрий Боровков, кандидат исторических наук, сотрудник института РАН Валерий Перхавко, доктор исторических наук, профессор МГУ им. М.В. Ломоносова Людмила Горина и др.. У каждого из авторов сформирован основной круг тем.

В материалах, написанных **учеными,** почти не используются основные **принципы популяризации науки, выделенные Э.Лазаревичем**[2; 28]:

• Принцип *практического прогноза* не применяется, *практическая значимость* текстов для читателя не выделена.
• Принцип *пропаганды* ценности научного знания проявляется в самом факте рассказа о научных исследованиях и в упоминаниях работ других авторов и в сносках, и в основном тексте.
• В текстах изредка встречаются исторические и литературные *аналогии* (часто – без комментариев и без объяснений использованных в качестве аналогий имен, что не упрощает, а усложняет восприятие материала читателем), бытовые аналогии отсутствуют.
• Принцип *апелляции к эмоциям читателя* практически не используется, текст излагается сухим языком, близким к научному стилю изложения.
• Принцип *редуцирования* сложного научного явления до общего представления не используется, в результате ученые «запутывают» читателей.
• Принцип *единства предмета описания* соблюдается учеными далеко не всегда – начиная рассказывать об одном историческом факте, они могут временно «переключиться» на другой факт и так же детально его описывать, а потом вернуться к изначальному.

- Принцип *соблюдения баланса интересов ученых и читателей в глубине детализации* также игнорируется авторами-историками – о том, что читатель не в состоянии воспринять излишне насыщенный именами и датами текст, ученые забывают.

- Принцип *осмотрительного использования терминологического обеспечения* часто тоже остается без внимания – термины фигурируют в тексте без расшифровок и замен сходными по смыслу общеупотребительными словами.

- *Аббревиатуры* в текстах отсутствуют.

Что касается материалов, написанных **журналистами**, то они более эффективны с точки зрения популяризации науки, т.к. в них **принципы популяризации** применяются чаще:

- В журналистских материалах имеются попытки определить *практическую значимость* материала для читателя или, по крайней мере, обозначить связь излагаемых исторических фактов с настоящим.

- Принцип *пропаганды* проявляется в наличии сносок на некоторые использованные в тексте труды ученых.

- Принцип *аналогии*: в основном встречаются аналогии из истории и литературы (с расшифровками имен или упоминанием общеизвестных фактов и личностей), бытовые аналогии крайне редки.

- Воплощению принципа *апелляции к эмоциям читателя* способствует использование эмоционально-окрашенных вводных слов и предложений; наличие в текстах легенд и преданий.

- Журналисты используют принцип *редуцирования* сложных исторических явлений до общего представления о них в соответствии с четвертой степенью популяризации науки.

- Чаще всего журналисты соблюдают принцип *единства предмета описания.*

- Принцип *соблюдения баланса интересов ученых и читателей в глубине детализации* соблюдается за счет умеренного использования названий, имен и дат. Журналисты склонны описывать исторические процессы, рассказывать об интересных обстоятельствах происшедшего вместо сухих перечислений и констатаций.

- *Терминологическое обеспечение* используется умеренно, но далеко не всем терминам даются расшифровки в текстах – объяснения даны только очень узкоспециальным терминам.

- *Аббревиатуры* отсутствуют.

Особенности контента:

По итогам анализа соотношения видов контента на полосах 6 материалов мы получаем следующую сводную таблицу, которая иллюстрирует процентное соотношение видов контента на полосах журнала, посвященных научной тематике. Единые принципы формирования полос в журнале позволяют нам сделать проекцию полученных результатов о соотношении видов контента на весь журнал в целом.

Мате-риал, №	Текст, %	Иллюст-рации, %	Описания иллюстраций, %	Врез-ки, %	Элементы оформления, %
1	26,3	45	7	9,7	7
2	17,1	54,3	3,9	9,6	12,5
3	22,5	52	2,5	12,5	10,8
4	25,9	54,4	4,4	8,8	7,8
1. 5.	18,3	54,1	10	2,5	15
6	21,1	47,2	4,5	12,5	11, 9
В среднем:	21,9	51,2	5,4	9,3	10,8

Многие исследователи отмечают, что для наиболее эффективной популяризации науки в современном мире требуется использование новых форм в подаче материала, оригинальные подходы. Научно-популярный иллюстрированный «Исторический журнал History Illustrated» отличается тем, что большую часть его содержания (по данным нашего исследования – 51,2%) составляют высококачественные иллюстрации, связанные с тематикой текстов. Форма подачи отличается от традиционной тем, что на полосе большую часть пространства полосы занимают именно иллюстрации, а текста может быть всего один абзац (в среднем тексту отведено в журнале 21,9%).

Более того, часто *иллюстративный контент доминирует над текстовым* и по степени *уникальности*, поскольку в качестве иллюстраций в журнале представлены репродукции картин, фотографии редких музейных экспонатов или исторических интерьеров, карты и сканированные изображения страниц древних книг и летописей.

Интересны *подписи к каждой иллюстрации*. Помимо основной информации об иллюстрации – названия, автора, года создания, использованных материалов и техник, места хранения - подписи могут содержать описания иллюстраций, рассказы о технике исполнения и т.п. и могут являться как бы параллельным основному тексту иллюстрированным рассказом на ту же тему.

• С момента своего появления журнал почти не изменился. Проблема исчерпанности тем отсутствует. Издание активно использует возможности современных технологий: «Исторический журнал History Illustrated» имеет свой *сайт в сети Интернет* по адресу www.history-illustrated.ru, где хранится *архив номеров с 2005 года*. Следует отметить, что пользователи все чаще потребляют электронный контент, но приобретают печатные версии особо понравившихся номеров для своих домашних коллекций. Это говорит об изменении роли печатных СМИ – они снова, как и сотни лет назад, превращаются в своеобразный предмет роскоши (например, печатная версия журнала «History Illustrated» по подписке стоит около 900 рублей за 1 номер, а электронная для ipad – 99 рублей).

Литература

1. Загидуллина М. Мастерство популяризации науки как элемент профессиональной культуры современного журналиста // Современная журналистика: дискурс профессиональной культуры: Тематический сб. ст. и материалов / Под ред. проф. В. Ф. Олешко. Екатеринбург: Изд-во Урал. ун-та, Издательский дом «Филантроп», 2005. –С.218-226.
2. Лазаревич Э. Искусство популяризации науки.- М.: Изд-во МГУ, 1981.-244 с.

Сайтография

3. Об историческом журнале «History Illustrated». http://www.history-illustrated.ru/about.php (дата обращения 20.04.2013)

4. Яковенко И. Обзор рынка научно-популярных журналов России. http://pressaudit.ru/rynok-nauchno-populyarnyx-zhurnalov-analiticheskij-obzor/ (дата обращения 15.05.2013)

Логинова И.А.
кандидат психологических наук, доцент кафедры социологии социальной сферы и демографии Самарского Государственного университета

Булгакова В.О.
студентка кафедры социологии социальной сферы и демографии Самарского Государственного университета

Каштанова Е.И.
студентка кафедры социологии социальной сферы и демографии Самарского Государственного университета

К ВОПРОСУ ОБ ЭКОНОМИЧЕСКОМ ПОЛОЖЕНИИ ПОЖИЛЫХ ЛЮДЕЙ

> *«Мало кто из людей
> умеет быть старым».*
> Ларошфуко. Максимы. CDXXIV

В XX веке старость как особое возрастное явление жизни человека бурно эволюционизирует. Пожилой человек в наше время стал крупной фигурой в общественной структуре. Сейчас реальные возможности жить простираются в среднем до 75 лет. Так как и смертность среди 70 – летних в последнее время упала вдвое, получается, что современный пожилой человек после выхода на пенсию живет в среднем еще 15-20 лет, что в сравнении со средней продолжительностью всей жизни современного человека очень и очень значительное время. Вопрос в том, как он их проживет.

За осознанием важности старости в жизни человека прямиком следует решение не только научной, но и остросоциальной задачи обеспечения пожилых людей реальной возможностью вести наполненную, общественно – полезную жизнь.

В литературе не существует единого мнения относительно прямой связи между возрастом пожилого человека и его психическим здоровьем.

Многие исследователи придерживаются позиции согласно которой выход на пенсию

В рамках нашего исследования посвященного изучению социально-экономического положения пожилых людей, проведенного кафедрой «Социологии социальной сферы и демографии» Самарского государственного университета по заказу Министерства социально-демографической и семейной политики Самарской области, было опрошено 780 пожилых людей. Выборка репрезентативная, по критериям город-село, пол и возраст.

Для ответа на поставленные вопросы были выделены объективные и субъективные показатели экономического положение людей. Первый критерий раскрывал объективно воспринимаемое человеком его материальное положение, т.е. независящее от чьего-либо мнения, второй – субъективно воспринимаемое, т.е. представление самих людей об их условиях проживания.

В соответствии с этим весь массив был разделен на четыре группы. При этом в двух из них субъективное материальное положение совпадало с объективным, а в двух – нет.

Группы	Материальное положение		Количество людей (в процентах)
	Объективное	Субъективное	
1 группа	Низкое	Низкое	14,9%
2 группа	Низкое	Высокое	46,8%
3 группа	Высокое	Низкое	1,6%
4 группа	Высокое	Высокое	26,1%

Заметим, что целью нашего исследования являлось не полное описание материального положения, а лишь сравнительный анализ по следующим основаниям:

- Социально-демографические характеристики (пол, возраст, семейное положение, место проживания)
- Наличие работы (до и после пенсии)
- Общение
- Досуг
- Эмоциональное состояние
- Современные технологии

В результате исследования были получены следующие выводы:

1. Наличие постоянного места работы, даже с маленькой зарплатой, является важным фактором высокой субъективной оценки своего материального положения (см. рис. 1).

2. Непостоянная работа, т.е. эпизодическая подработка, напротив, отрицательно сказывается на субъективной оценке своего материального положения. Как видно на графике, даже если реальный доход находится на достаточно высоком уровне, возможно, существует некая неуверенность в завтрашнем дне и субъективная оценка снижается (см. рис. 1).

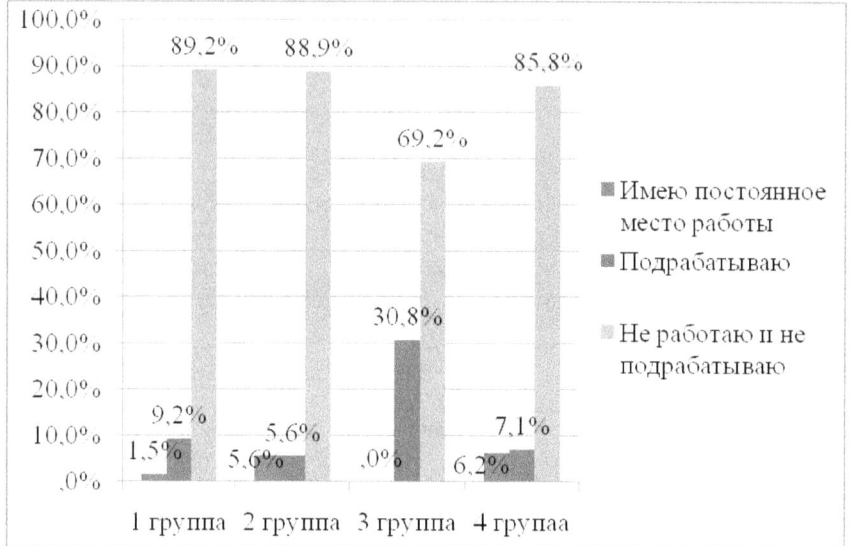

Рисунок 1. Распределение ответов респондентов на вопрос: «Скажите, пожалуйста, в настоящее время Вы работаете, подрабатываете или не работаете?» по типу материального положения (в % от числа опрошенных, N=780).

3. Прослеживается четкая тенденция: чем шире круг общения вне семьи (не только в реальности, но и в онлайн-пространстве) у пожилого человека, тем выше он оценивает свое материальное положение (см. рис. 2).

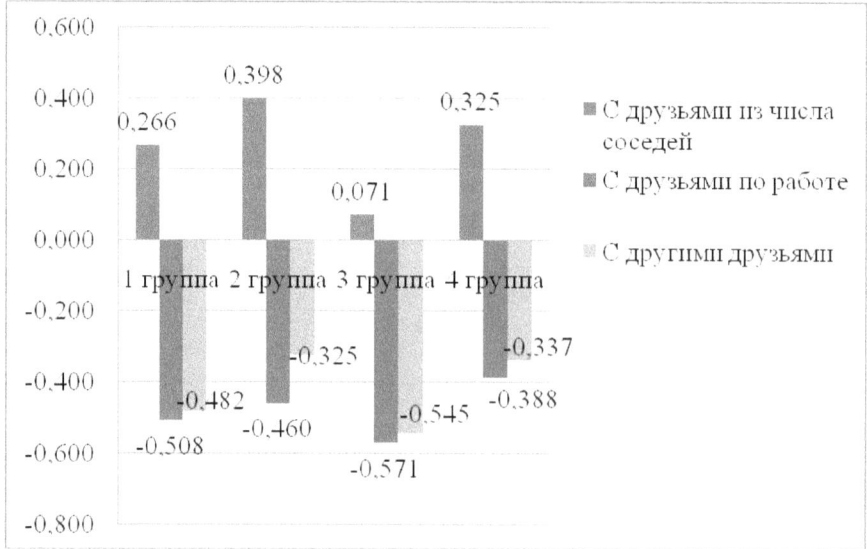

Рисунок 2. Индекс общения с различными друзьями по типу материального положения.

4. У пожилых людей, которые чаще читают газеты, художественную литературу, ходят в гости, смотрят телевизор, слушают радио субъективная оценка материального положения выше, чем у пожилых людей, которые делают это редко (см. рис. 3).

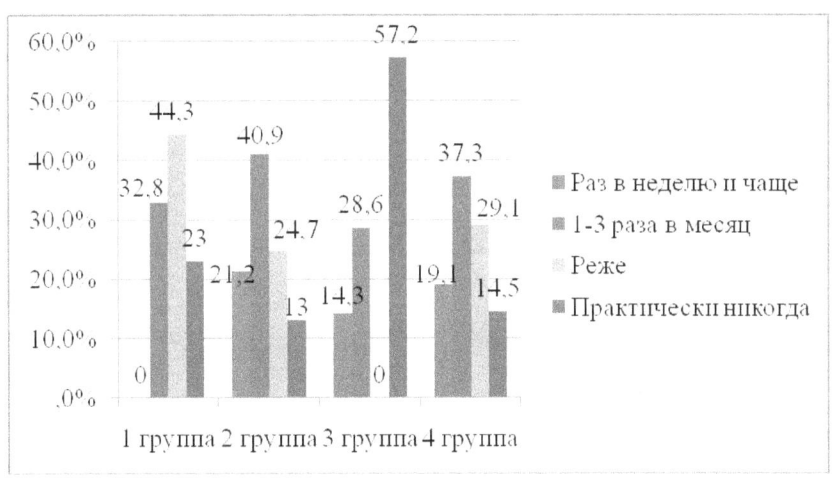

Рисунок 3. Распределение ответов респондентов на вопрос: «Как часто Вы ходите в гости и сами принимаете гостей?» по типу материального положения (в % от числа опрошенных, N=780).

5. Субъективная оценка материального положения респондентов во многом связана с ощущением нужности кому-либо. Прослеживается следующая закономерность: чем выше ощущение нужности у пожилого человека, тем выше он оценивает свое материальное положение (см. рис 4).

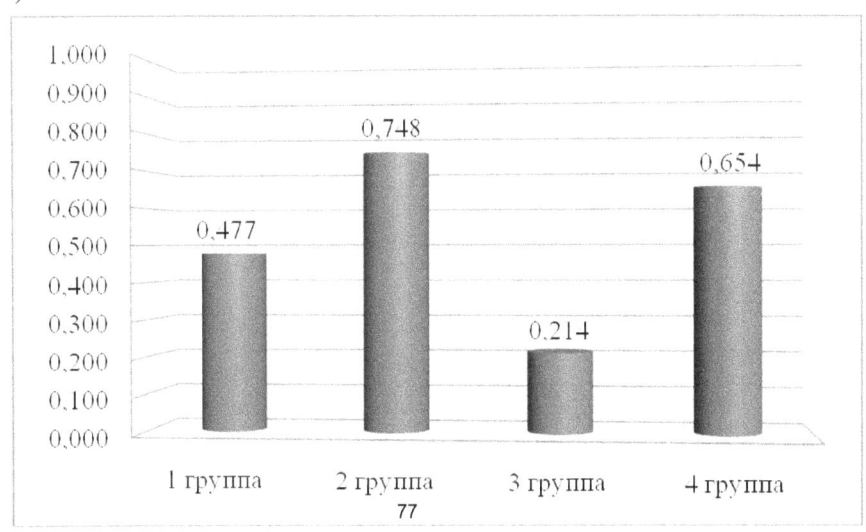

Рисунок 4. Индекс субъективного ощущения нужности кому-либо по типу материального положения.

6.   Чем выше удовлетворенность жизнью и ее составляющими, тем выше субъективно воспринимаемый уровень материального достатка пожилыми людьми.

Резюмируя сказанное выше, подчеркнем, что, несмотря на то, что размер пенсионного пособия для пожилых людей все же остается одним из главных факторов, влияющих на субъективную оценку материального достатка, вероятно, имеет смысл обратить внимание на ряд дополнительных способов, которые можно применять для ее повышения:

1.   Необходимо создавать рабочие места для пенсионеров, даже если они будут низкооплачиваемые, Это будет положительно влиять на социальное самочувствие пожилых людей и, в частности, субъективную оценку своего материального положения.

2.   Расширить возможности общения вне семьи для пожилых людей.

3.   Разнообразить формы проведения совместного досуга пенсионеров, в том числе необходимо создать дополнительные возможности для совместного времяпровождения пожилых людей.

4.   Необходимо обращать внимание пожилых людей на то, что они являются неотъемлемой частью общества, которая также оказывает влияние на его развитие.

Suchkova L.I.
Associate Professor, PhD, Altai State Technical University
THE HYBRID APPROACH TO IDENTIFICATION OF AN OBJECT STATE IN MONITORING SYSTEMS

Perspective direction for the intellectual analysis of groups of time series (TS) is the hybrid approach combining algorithms, characteristic for various representations of models of rows and methods of their analysis, including intellectual. This approach intensively develops now in Kovalev S., Yarushkina N., Batyrshin I. 's works [1,2,3].

In the present work it is offered for identification and forecasting of supernumerary situations in monitoring system to use the hybrid approach merging fuzzy-temporal and linguistic aspects of the description of dependences in group TS. Let is available Q TS:

$$
\begin{aligned}
&x_{11}, x_{12}, \dots x_{1M_1}; \\
&x_{21}, x_{22}, \dots x_{2M_2}; \\
&\dots\dots\dots\dots \\
&x_{Q1}, x_{Q2}, \dots x_{QM_Q};
\end{aligned}
\tag{1}
$$

Here the first index of an element sets number BP, second - an element position in a series. Generally the number of elements M_i in each of series can be various if for example, for different frequency channels various frequency of a digitization is used. The behavior of members BP can depend on a condition of controllable object or process and to match K various cases (situations, classes of behavior).

In the capacity of bases of identification current and forecasting of the future condition of object of monitoring we will use concept of an fuzzy multidimensional predicting pattern of behavior of a subgroup of presented (1) time rows.

Such pattern represents a set of following components:
$$
P = <B, \Psi_B, D_B, A, \Psi_A, D_A, D_P, R>,
\tag{2}
$$
where

B - a matrix-template used for comparison with it some group of series to a present situation of time (PatternBefore);

Ψ_B - set of the computing procedures translating countings TS (1) in elements of matrix B', used for comparison to elements of matrix B;

A - the predicting matrix describing behavior of the controllable object or group TS after a present situation of time (TemplateAfter);

Ψ_A - set of the computing procedures forming elements of matrix A or from countings TS (1), or from elements of matrix B';

D_B and D_A - descriptors of matrixes B and A accordingly, generally being the matrixes, describing processes of conversions of series (1) in B', and-or (1) and B' in A means Ψ_B and Ψ_A;

D_P - a vector-column characterizing a pattern as a whole;

R - the marker of a pattern putting in correspondence to a pattern a element from set of possible states of controllable process.

The matrix-template B consists of standard values for results of calculations over group TS. All calculations are fulfilled with application of functions or the operators selected from some fixed set of computing procedures Ψ_B. The type of elements of B can coincide with type of TS elements, to be logical, enumerated, complex, linguistic or indefinite.

Descriptor D_B is a matrix, its quantity of rows coincides with number of lines B, and columns contain number of computing procedure from set Ψ_B; the list of the initial digitized signals transferred in Ψ_B as parameters; weight of row in a total estimation of matching of calculated data B' with a matrix-template B, a data type of rows in matrix B' and B; type of criterion of an estimation of error amount of matching of elements in row for an aggregate type of data, fuzzy variable or other special data types; values of the parameters characterizing criterion of comparison, for example, the value of threshold value of an admissible error of matching; type of the integrated criterion of comparison rows of matrixes B' and B.

The predicting matrix A differs from matrix B dimension, meaning and assignment of its elements. To each row A one corresponds one TS which can be continuation or one of row of a matrixes B, or a TS from initial system (1), or in general any TS, describing some process which is a consequence of current processes, described by system TS (1), or the processes derivative of them described by row of a matrixes B'. The matrix A is described by matrix-descriptor D_A which columns store the flags setting a way of definition of elements of a matrix A , number of computing procedure from set Ψ_A; the list transferred in Ψ_A numbers of rows of the initial digitized signals or numbers of strings from matrix B'.

The common properties of a pattern are set by descriptor Dp setting type of criterion, used for decision-making on correspondence of a pattern to actual behavior of the object of the control; numerical values of the parametres characterizing criterion of identification; the value of threshold value admissible comparison errors; the minimum interval of sampling of countings in parsed group TS; properties of the time domain to which there corresponds a pattern.

The integrated main algorithm of identification and forecasting of an object state on the basis of behavior patterns includes following steps.

1. Reception of informational signals from one or several primary measuring converters and creation of system (1).
2. A choice from base of the next pattern.
3. A finding on input data of elements of matrix B', corresponding to elements of matrix-template B of the pattern shown for matching, according to the rules set by a descriptor of pattern D_B and taken from Ψ_B by computing procedures.
4. Finding of a degree of difference of a matrix-template B on calculated matrix

B'.

5. If the degree of correspondence of the template is high (differences below the threshold value set in descriptor *Dp*), and the pattern marker corresponds to a supernumerary situation, to generate alarming, to transfer a report of information to the system operator.
6. To save in push-down memory a pattern marker, a degree of correspondence of input data to this marker, and the value of its threshold value. If in a database of patterns there are yet patterns not shown for matching, to pass to step 2.
7. If the system can have simultaneously some identified states, to select from push-down memory all states for which the correspondence degree satisfies to the set criterion. Otherwise to select from a stack a unique state for which the correspondence degree is maximum also it to accept for a true state.
8. If some elements of a stack have a degree of correspondence exceeding set criterion (when only unique state is admissible), or any of elements does not satisfy to criterion of correspondence, to generate the message on necessity of modification of base of patterns.

Advantage of model of forecasting of abnormal situations on the basis of a many-dimensional predicting pattern of behavior of group TS is replacement of difficult model of real observable processes with simple model with features of the interval and linguistic analysis, allowing to operate with the qualitative concepts convenient not only for the description of interference of controllable parameters, but also for representation of results of monitoring.

Bibliography:

1. Kovalev S.M. Fuzzy-temporal Models of Structural Analysis and Identification of Dynamic Processes in Poorly Formalized Tasks of Decision-making // Thesis. – Taganrog, 2002. – 337 p.

2. Yarushkina N.G., Afanasyeva T.V., Perfilyeva I.G. Intellectual Analysis of Time Series. – Ulyanovsk, 2010. – 320 p.

3 Batyrshin I., Kacprzyk J., Sheremetov L., Zadeh L. Perception-based Data Mining and Decision Making in Economics and Finance. - Springer, 2007. – 367 p.

Трегубова Л.Д., Валентий Д.Ю.

студенты 4-го курса ФГБУ ВПО «Московский Государственный Строительный Университет», специальности «Экспертиза и управление недвижимостью»

Соколова М.С.

аспирантка 3-го года обучения кафедры «Государственного и муниципального управления» ФГБУ ВПО «Московский Государственный Строительный Университет»

ВЛИЯНИЕ ОТДЕЛОЧНЫХ МАТЕРИАЛОВ НА ВНУТРЕННЮЮ СРЕДУ ЛЕЧЕБНО-ПРОФИЛАКТИЧЕСКОГО УЧРЕЖДЕНИЯ

В своей работе мы рассмотрели взаимосвязь отрасли строительства, науки, здравоохранения. Главной задачей отрасли здравоохранения является понижение заболеваемости населения. Мы считаем, что с помощью взаимосвязи вышеперечисленных сфер можно улучшить внутреннюю среду ЛПУ.

Окружающую человека территорию можно разделить на различные сегменты, это может быть территория в широком смысле - территория района или города, более ограниченная территория, например, придомовая, а так же это могут быть внутренние помещения зданий, в которых человек проводит большую часть своего времени. Отметим, что существует ряд факторов внутренней среды ЛПУ, учитываемых при нормировании степени экологической безопасности.

Стоит отметить, что влияя на определённые факторы, такие как, качество воздуха, эстетическая составляющая отделки помещений можно существенно повысить качество внутренней среды помещений ЛПУ.

По нашему мнению эффективность здания можно представить в виде функции

$Э = f(\sum p_1 ; \sum p_2 ; \sum p_3)$, где

$\sum p_1$-параметры территории района или города,

$\sum p_2$-параметры придомовой территории,

$\sum p_3$-параметры внутренних помещений.

Рассмотрим более детально параметры внутренних помещений, а именно факторы, которые благоприятно влияют на человека и, соответственно, повышают эффективность ЛПУ.

При рассмотрении эффективности ЛПУ в ключе зависимости от параметров внутренних помещений, представим эффективность ЛПУ в виде совокупности таких факторов влияния на внутреннюю среду, как качество и влажность воздуха, эстетика, высокие показатели качества эксплуатации отделочных материалов.

Представим данную зависимость следующим образом:

$$Э' = f\begin{pmatrix} x_1 \\ x_2 \\ ... \\ x_n \end{pmatrix}, где$$

Э'-эффективность ЛПУ, зависящая от параметров внутренней среды, x_n – различные факторы влияния на внутренню среду ЛПУ.

Инструментами влияния в рамках наших рассуждений будут

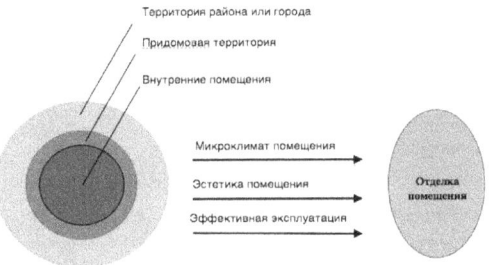

инновационные безопасные отделочные материалы.

В мире существует 2 подхода к отделке помещений: комплексный и локальный. [2]

В рамках локальной отделки стоит отметить использовании инновационного бионаноматериала «облицовочного камня», который может повлиять на такие факторы внутренней среды ЛПУ как, влажность воздуха, химический и бактериальный состав.

Поддержание нормального уровня влажности воздуха является очень серьёзной проблемой. Рассматриваемый материал поможет обеспечить регулирования влажности в помещение естественным образом за счет таких функциональных свойств как потребление влаги из воздуха при повышенной влажности, обратной отдачи очищенной воды в период суточных колебаний влажности и перепадов температуры.

Также известно, что воздух в помещениях заполнен различными примесями, содержащими бактериальные и вирусные инфекции.

Материал представляет собой структуру подавления бактерии, можно сказать это своеобразный «нанопористый фильтр» с твердым электролитом, воздействующим на микроорганизм. [1]

Рассматриваемый отделочный материал, выполненный посредством инновационной биотехнологии, не содержит таких вредных растворителей, как фенол, толуол, ксилол и др., что существенно повлияет на химический состав воздуха в помещении.

Еще одним материалом, который существенно оказывает влияние на внутренний микроклимат помещений, является краска, которая особо устойчива против дезинфицирующих и спиртосодержащих веществ, слабых кислот, минеральных горюче-смазочных материалов, то есть стойка к истиранию.

Так же существует краска, которая снижает количество загрязнений в воздухе, основанная на естественном принципе фотосинтеза растений. Фотосинтез служит для производства кислорода и глюкозы, используя хлорофилл в качестве катализатора. Краска так же использует катализатор. Под действием света, дневного или электрического, катализатор активируется и начинает непрерывно разрушать органические вещества. Результатом становится заметное, поддающееся проверке, улучшение качества воздуха в помещении. Это качество особенно актуально как раз для медицинских учреждений.

Но применением одной только краски нельзя добиться максимального эффекта в области улучшения микроклимата и дизайна, положительно влияющего на психику человека, а, следовательно, и на процессы скорейшего выздоровления.

В ведущих медицинских центрах Европы и США с недавнего времени используется комплексный подход к отделке помещений. Это значит, что защитные настенные и напольные покрытия, поручни, защита углов и дверей и остальные покрытия для внутренней отделки, а также технические решения заказываются у одной организации, специализирующегося на материалах и решениях для объектов здравоохранения.

Все перечисленные материалы обладают улучшенными санитарно-гигиеническими характеристиками, для обеспечения гигиены поверхности, некоторые из напольных покрытий пропитываются бактерицидным и фунгицидным составами.

Настенные защитные панели и напольное покрытие соединяются сваркой, которая тоже входит в комплекс технических решений, что создает превосходную герметичность и улучшенные санитарно-гигиенические характеристики.

Также при таком комплексном подходе используется система выкружки для улучшения гигиены помещения. Эта система соединения напольных и настенных покрытий позволяет производить более качественную уборку по периметру помещения и особенно внутри углов.

Стоит отметить, что использование такого подхода создает эксклюзивные преимущества для пользователя объекта недвижимости, а именно удобство обслуживания и сокращение эксплуатационных издержек.

В аспекты удобства обслуживания входят:
• Стойкость к образованию пятен

• Различные виды обработки поверхности защищают напольное покрытие на протяжении всего срока службы и исключают необходимость в использовании дорогостоящих эмульсионных покрытий

• Для предотвращения скапливания грязи защитное покрытие углов и стен имеет максимально ровную и гладкую поверхность.

Для каждого вида помещений используются различные материалы для обеспечения максимальной функциональности и эстетичности.

Применение данных решений является очень эффективным, так как затрагивает и сферу микроклимата и сферу эстетики, а соответственно и благоприятно влияет на психику человека и способствует скорейшему выздоровлению.

На данный момент в РФ не существует такого специального комплексного подхода для отделки помещений ЛПУ. Но именно в РФ, как было отмечено нами ранее, был разработан бионаноматериал обладающий свойствами улучшения микроклимата.

Данный материал может быть использован в качестве напольного и настенного покрытия и, таким образом, вполне может служить основой для создания специальной отделочной системы для ЛПУ.

К сожалению, быстро внедрить такие системы невозможно. Это потребует времени и достаточно больших затрат.

Но использование красок нового поколения на данный момент вполне реально, поэтому в своем исследовании мы рассмотрели и их. Но данное решение не является идеальным, так как к микроклимату и дизайну помещений требуется подходить комплексно.

Библиографический список

1. Журнал "Строительные материалы, Оборудование, технологии XXI века" №2, 2012

2. Boubekri M. Daylighting, Architecture and Health: Building Design Strategies. Published by Elsevier, 2008. - 155 p. ISBN: 0750667249.

Дорогина А.С.

студентка 5-го курса ФГБОУ ВПО «Московский государственный строительный университет», специальность «Экспертиза и управление недвижимостью»

Нарежная Т.К.

кандидат экономических наук, доцент кафедры «Организации строительства и управления недвижимостью» ФГБОУ ВПО «Московский государственный строительный университет»

Лаптева Т.И.

аспирантка 2-го года обучения кафедры «Государственного и муниципального управления» ФГБОУ ВПО «Московский государственный строительный университет»

doroginanastya@gmail.com

СОВРЕМЕННЫЕ МЕТОДЫ ФОРМИРОВАНИЯ МАТЕРИАЛЬНО-ПРОСТРАНСТВЕННОЙ СРЕДЫ МЕДИЦИНСКИХ УЧРЕЖДЕНИЙ

Здравоохранение – один из национальных проектов в РФ. Но, несмотря на столь пристальное внимание и огромное количество вложенных средств, до сих пор сохраняется множество проблем, связанных с организацией материально-пространственной среды медицинских учреждений.

Согласно программе модернизации здравоохранения за 2011-2012гг. в общей сложности было выделено 318,6 миллиарда рублей на материально-техническое обновление учреждений здравоохранения по всей России. Что касается Москвы, то на финансирование этой программы было выделено 103 653 680 тыс.руб., что составляет треть от общего бюджета программы!

Материально-пространственная среда любого объекта условно подразделяется на три составляющие: внешняя (прилегающая территория), ограждающие конструкции, внутренняя (планировка помещений и их отделка). Они в совокупности обеспечивают комфортную, безопасную и, самое главное, благоприятную для длительного нахождения человека среду. На формирование и сохранение качества среды медицинской деятельности оказывают влияние целый комплекс факторов и воздействий внешней и внутренней среды [1, 26].

Строительно-эксплуатационная система муниципального здравоохранения является областью интеграции строительной и медицинской инфраструктур, нацеленной на производство качественных медицинских услуг [1, 26]. Непосредственными участниками такой системы выступают врачи, заказчики, застройщики, проектные мастерские, подрядные фирмы, поставщики стройматериалов, поставщики медицинского оборудования, контролирующие организации, управляющие компании.

Безусловно, многопрофильные больницы являются крупными девелоперами, которые самостоятельно обеспечивают эксплуатацию своих отделений и корпусов. Перед каждой из них стоит ряд одних и тех же задач, от решений которых будет зависеть качество состояния находящихся на территории больницы людей.

Для успешной реализации такого социально значимого проекта, как многопрофильная больница, требуется применение системного подхода. Системный подход – это направление методологического научного познания, в основе которого лежит рассмотрение объектов как системы в целостности выявленных в ней многообразных типов знаний [2, 39]. Требуется не только разделение функций между участниками, безусловно, каждый из них занимается своей областью, но необходим и диалог между организациями.

Любой строительный объект медицинского назначения представляет собой сложную инженерную систему, обладающую определенными техническими, экономическими, эстетическими и др. параметрами, призванную обеспечить искусственную среду как условие медицинского производства. При этом, чем сложнее и разнообразнее требования к условиям искусственной среды, тем сложнее функции и интенсивнее усилия по ее поддержанию [1, 2]. Учитывая, что результативность медицинской технологии зависит от того, насколько эксплуатационные свойства помещений соответствуют условиям лечебного процесса, очевидна необходимость в создании и развитии специфических систем эксплуатации зданий медицинского назначения [1, 16].

Обеспечение необходимой материально-пространственной среды является междисциплинарной задачей, решение которой требует интеграции врачей и инженеров-строителей. Зачастую исследования медиков остаются лежать на полках проектных мастерских, ведь для инженеров главное, чтобы были соблюдены строгие требования технических регламентов по пожарной безопасности, безопасности жизнедеятельности, а то, что в целом в здании может быть неблагоприятная для человека среда уже не является их проблемой.

В высокоразвитых странах мира в строительство активно внедряются принципы Salutogenetic design. Salutogenetic design основывается на более широкой теории салютогенеза, разработанной в 1979 году медицинским социологом Аароном Антоновским [3]. Согласно Антоновскому, подход салютогенеза к здоровью фокусируется на факторах, которые активно способствуют улучшению здоровья и благополучия, вместо фокусирования исключительно на факторах, вызывающих заболевания и травмы, которое известно как патогенез [3].

Речь идет не только об источниках физического здоровья, но и духовного, и душевного благосостояния человека. Духовность – непрерывный процесс обмена и сохранения состояния равновесия души человека, это вызванный или полученный им от окружающей среды прилив энергии, которую он использует для передачи другим для стабилизации их равновесного состояния [2, 81]. Salutogenetic design – проектирование зданий с учетом факторов, влияние которых дает положительную динамику на потенциал здоровья человека, то есть объекты недвижимости проектируются таким образом, что, находясь в них, люди становятся здоровее и счастливее. Salutogenetic design базируется на многих принципах, но основными при проектировании являются следующие: максимально естественное освещение помещений, максимальный доступ к природе. Не лишено смысла то, что естественный свет и виды природы улучшают настроение и снимают стресс, но только в последние несколько лет появились доказательства того, как они могут принести пользу пациентам и персоналу в медицинских учреждениях [8]. Помимо повышения потенциала отмечается снижение эксплуатационных расходов по обслуживанию медицинских учреждений за счет снижения потребления ресурсов энергоносителей. Яркими примерами использования данного подхода можно назвать американские медицинские центры такие, как Providence Newberg Medical Center в Орегоне и Dell Children's Medical Center в Техасе. Оба этих центра сертифицированы по стандартам LEED.

Несмотря на явную перспективность Salutogenetic design, пока не появится система принципов, соответствующих требованиям лечебных процессов, и которыми проектировщики смогут руководствоваться при своей работе «оздоравливающее» проектирование мало осуществимо.

Конфликт заключается еще и в том, что основной целью проектных и строительных организаций является эффективное достижение своих целей (строительство в максимально короткие сроки и получение прибыли), а врачам необходимо максимально эффективное использование введенных в эксплуатацию объектов (повышение потенциала здоровья людей). И принципы салютогенеза по оздоровлению здания обходят стороной в силу того, что не представляется возможным найти дополнительные финансовые средства на реализацию таких проектов. Хотя проблема в том, что инженеры не ищут оптимального пути при использовании Salutogenetic design. Это также происходит в силу того, что нет нормативных строительных документов в этой области, которыми они могли бы воспользоваться.

Таким образом, основной проблемой при создании материально-пространственной среды медицинских учреждений является то, что врачи и строители не могут найти точки соприкосновения, так как говорят на разных языках. Решением может послужить разработка нормативов, основывающихся на требованиях лечебных процессов, принципах салютогенеза. Кроме того, необходимо доказать, что Salutogenetic design не является капиталоемким подходом, наоборот, он позволяет в будущем снизить затраты на эксплуатацию больницы.

Список источников

1. *Нарежная Т.К.* Оценка эффективности деятельности строительно-эксплуатационных предприятий муниципального здравоохранения: Дис. … канд. экон. наук: 08.00.05 – М., 2006

2. *Б.В. Прыкин* Глобалистика: учебник для студентов вузов, обучающихся по специальностям экономики и управления, «Политология» и «Международные отношения» – М.: ЮНИТИ-ДАНА, 2007. – 463 с.

3. *Chris Towery* Salutogenic design building better health//Southern design & building//электр. журнал. 2012

4. Постановление Правительства РФ от 15 февраля 2011 г. № 85 "Об утверждении Правил финансового обеспечения в 2011 - 2012 годах региональных программ модернизации здравоохранения субъектов Российской Федерации за счет средств, предоставляемых из бюджета Федерального фонда обязательного медицинского страхования"

5. Приложение 1 к постановлению Правительства Москвы от 7 апреля 2011 г. № 114-ПП

6. Приложение к постановлению Правительства Москвы от 5 июня 2012 года № 269-ПП

5. «Инвестиционно-строительный инжиниринг»:учеб. пособие/ И.И. Мазура, В.Д. Шапиро, Н.Г. Ольдерогге, А.Ю. Забродин; под общ. ред. И.И. Мазура, В.Д. Шапиро. – М.: ЭЛИМА, ЗАО «Издательство «Экономика», 2009.-763с.

6. http://www.nst.com.my/red/doctoring-design-for-health-1.178893

7. http://www.zoominfo.com/p/Robert-Ulrich/59969735

8. http://www.facilitiesnet.com/green/article/Healthy-and-Green--7915

Савенкова С.В.

аспирантка, МГПУ факультет прикладной информатики, место работы – ГБОУ КИГМ 23, методист по информатизации учебного процесса

АВТОМАТИЗИРОВАННОЕ РАБОЧЕЕ МЕСТО ЗАВУЧА КАК СРЕДСТВО ПОВЫШЕНИЯ ЭФФЕКТИВНОСТИ ПРИ ОРГАНИЗАЦИИ ОБРАЗОВАТЕЛЬНОГО ПРОЦЕССА

В современном информационном обществе происходит реализация идеи «инженерии знаний», основанной на использовании искусственного интеллекта для преобразования знаний в форму, пригодную для обработки компьютером. В различных областях деятельности государств ведутся работы по созданию автоматизированных систем управления, систем автоматизированного проектирования, автоматизированных информационных систем, каждая из которых располагает большим объемом информации, что используется для решения задач специальными программами. Информатизация и компьютеризация не обошли стороной и процесс образования.

Любое общеобразовательное учреждение – это сложный, многообразный живой организм, который не может существовать без управления. Так заведующий учебной частью осуществляет контроль за выполнением учебных программ, качеством преподавания, уровнем образования, составлением расписания в соответствии с учебным планом. Таким образом, круг обязанностей завуча достаточно широк, что требует большого количества как временных, так и физических и психологических затрат.

Вариантом решения проблемы успешной и качественной работы завуча может послужить использование информационных систем, а именно использование экспертной системы. На сегодняшнем рынке программных продуктов существует несколько информационных систем для управления образовательным процессом, такие как КМ-Школа (позволяет провести комплексную автоматизацию деятельности школы и обеспечивает эффективное сетевое взаимодействие всех участников образовательного процесса) и 1С: Колледж (предназначен для управления деятельностью учреждений начального и среднего профессионального образования, охватывает все уровни управленческой деятельности основных подразделений колледжа). После приобретения программного продукта необходимо произвести обучение сотрудников, а также «настроить» данный продукт под специфику учебного заведения. Но ни в одном программном продукте нет экспертной составляющей, например, для организации рекомендация по дальнейшему обучения студентов.

Поэтому необходимо создать такую информационную систему, в состав которой будет входить экспертный компонент, основанный на базе знаний. *База знаний* — это совокупность знаний, описанных с использованием выбранной формы их представления. Для базы знаний завуча возможно использование следующих правил (чем больше правил, тем универсальнее будет система):

1. Если студент имеет задолженности по предметам, то направить студента на консультации и дополнительные занятия;

2. Если у преподавателя по предмету средний балл ниже 3, то преподавателя направить на курсы повышения квалификации;

3. Если у студента больше 50% задолженностей и больше 50% процентов пропусков, то вызвать родителей на педагогический совет и т.д.

В качестве инструментального средства для разработки системы можно выбрать программный продукт MS Access, так как он обладает очень широким диапазоном средств для ввода, анализа и представления данных. Данная информационная система предоставит возможность осуществлять поиск информации по успеваемости студентов, по качеству обученности, а также давать рекомендации (с использованием базы знаний) с целью повышения качества (рис.1).

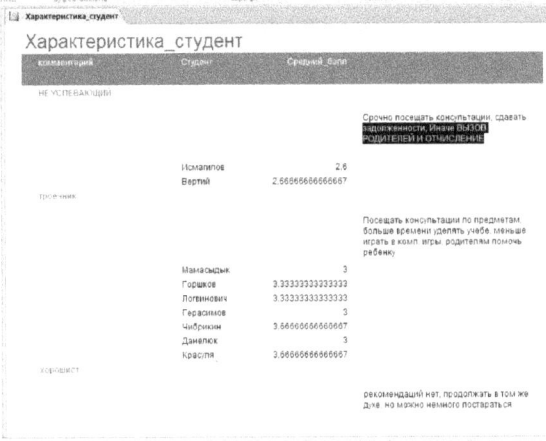

Рис.1 Отчет Характеристика студента

Внедрение автоматизированного рабочего места завуча положительно повлияет на работоспособность завуча, т.к. приведёт к уменьшению количества обрабатываемой информации, а также появится дополнительное время для анализа и принятия управленческих решений.

Литература

1. Мягкова Е.В. Роль и возможность применения экспертных систем как информационных технологий в сфере высшего образования /Е.В. Мягкова // Новые технологии. 2008. №1- с. 13

2. Есенина Н.Е.Состав и структура современных экспертных систем, применяемых в деятельности вуза/ Н. Есенина// Высшее образование сегодня, 2010 - №1. с.57 – 59

Ахвердиев К.С - профессор, д.т.н., ФГБОУ ВПО РГУПС
Мукутадзе М.А . - доцент, к.т.н., ФГБОУ ВПО РГУПС
Лагунова Е.О. - доцент, к.т.н., докторант ФГБОУ ВПО РГУПС

РАСЧЕТНАЯ МОДЕЛЬ С УЧЕТОМ ЗАВИСИМОСТИ ВЯЗКОСТИ И ПРОНИЦАЕМОСТИ ОТ ДАВЛЕНИЯ ДВУХСЛОЙНОЙ СМАЗКИ РАДИАЛЬНОГО ПОДШИПНИКА, ОБЛАДАЮЩЕГО ПОВЫШЕННОЙ НЕСУЩЕЙ СПОСОБНОСТЬЮ

Как известно [1–3] при наличии в смазочной жидкости частиц присадок или продуктов износа, а также за счет пристенной ориентации ее молекул вблизи твердой опорной поверхности подшипника происходит расслоение смазки на слои с различной вязкостью. Слоистое течение вязкой несжимаемой жидкости в зазоре упорного и радиального подшипников рассматривалось в работах [4–9]. Существенный недостаток обычно предлагаемой методики заключается в том, что в расчетной модели не учитывается зависимость вязкости и коэффициента проницаемости пористого слоя от давления. При больших значениях давления в смазочном слое вязкость смазки существенно возрастает и возникает необходимость учета зависимости вязкости и коэффициента проницаемости пористого слоя от давления.

Постановка задачи. Рассматривается установившееся течение двухслойной смазки в зазоре радиального подшипника с учетом вязкости и коэффициента проницаемости пористого слоя на поверхности шипа от давления. Предполагается, что подшипник неподвижен, а шип с пористым слоем на его рабочей поверхности вращается с угловой скоростью Ω.

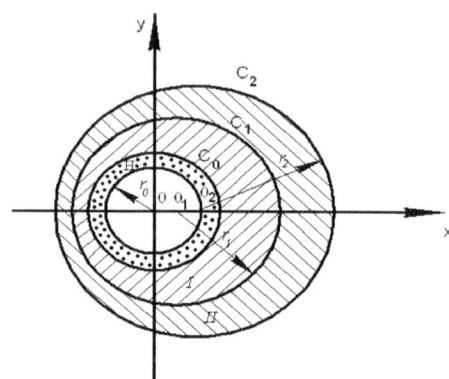

Рис. 1. Схематическое изображение шипа в радиальном подшипнике, работающего на двухслойной смазочной композиции

Также предполагается, что зависимость вязкости и коэффициента проницаемости пористого слоя от давления выражаются формулами

$$\mu_i = \mu_{0i}e^{\alpha^* p'}, \quad k'_i = k_0 e^{\alpha^* p'}. \tag{1}$$

В полярной системе координат (r', θ) с полюсом в центре шипа, уравнение контуров шипа, границы раздела слоев и адаптированного контура опорной поверхности подшипника можно записать в виде (рис. 1).

$$c_0 : r' = r_0 + H; \quad c_1 : r' = r_0 + H + \delta\alpha + \alpha e\cos\theta - \alpha A\sin\omega\theta;$$
$$c_2 : r' = r_2 + e\cos\theta - A\sin\omega\theta, \text{ где } \alpha \in [0,1], \quad \delta = r_2 - r_0 - H. \tag{2}$$

Основные уравнения и граничные условия. В качестве основных уравнений берутся безразмерная система уравнений движения вязкой несжимаемой жидкости для случая «тонкого слоя», уравнение неразрывности и уравнение Дарси с учетом зависимости вязкости и проницаемости пористого слоя от давления.

$$\frac{\partial^2 \upsilon_i}{\partial r^2} = \frac{dp}{d\theta}e^{-\alpha p}\Lambda_i, \quad \frac{\partial u_i}{\partial r} + \frac{\partial \upsilon_i}{\partial \theta} = 0 \quad (i=1,2),$$

$$\frac{\partial^2 P}{\partial r^{*2}} + \frac{1}{r^*}\frac{\partial P}{\partial r^*} + \frac{1}{r^2}\frac{\partial^2 P}{\partial \theta^2} = 0, \tag{3}$$

где размерные величины $r', u'_i, \upsilon'_i, p'_i$ в смазочном слое связаны с безразмерными r, u_i, υ_i и p_i соотношениями

$$r' = r_0 + H + \delta r, \quad \upsilon'_i = \Omega r_0 \upsilon_i, \quad u'_i = \Omega\delta u_i, \quad p' = p_g p,$$

$$\mu'_i = \mu_{0i}\mu_i, \quad i = 1,2, \quad \Delta_i = \frac{\delta^2 p_g}{\mu_i\Omega(r_0 + H)^2}.$$

Здесь u'_i, υ'_i – компоненты вектора скорости, H – толщина пористого слоя, p' – гидродинамическое давление в смазочных слоях; μ_i – динамический коэффициент вязкости, p_g – характерное давление,

$\Lambda_i = \dfrac{p_g\delta^2}{r_0^2\mu_{0i}\Omega}, \quad i = 1,2.$

В пористом слое переход к безразмерным переменным осуществляется по формулам

$$r' = (r_0 + H)r^*, \quad P' = p_g^* P, \tag{4}$$

где P' – гидродинамическое давление в пористом слое.

Система уравнений (9.4.3) решается при следующих граничных условиях

$$\upsilon_1\big|_{r=0} = 1, \quad u_1 = -N\frac{\partial P}{\partial r^*}\Big|_{r^*=1}, \quad u_2 = 0, \upsilon_2 = 0 \text{ при } r = h(\theta);$$

$$p = P\big|_{r^0=1}, \quad p(0) = p(2\pi) = 1, \quad u_1 = u_2, \quad \upsilon_1 = \upsilon_2, \quad u_1/\upsilon_1 = \alpha h'(\theta) \text{ при } r = \alpha h(\theta);$$

$$\frac{\partial \upsilon_I}{\partial r} = \frac{\mu_{02}}{\mu_{01}} \frac{\partial \upsilon_2}{\partial r} \text{ при } r = \alpha h(\theta); \ \frac{\partial P}{\partial r^*} = 0 \text{ при } r^* = \frac{r_0}{r_0 + H}, \ \ N = \frac{k_0 p_g}{\mu_{0i} \Omega \delta(r_0 + H)} . (5)$$

$$\int_\gamma^I \left[\frac{\partial^2 P}{\partial r^{*2}} + \frac{1}{r^*} \frac{\partial P}{\partial r^*} + \frac{1}{r^{*2}} \frac{\partial^2 P}{\partial \theta^2} \right] dr^* = 0.$$

Точное автомодельное решение задачи. Уравнение Дарси осредним по толщине смазочного слоя и точное автомодельное решение системы уравнений (9.4.3), удовлетворяющее граничным условиям (5) будем искать в виде

$$u_i = -\frac{\partial \psi_i}{\partial \theta} + U_i(r,\theta), \ \ \upsilon_i = \frac{\partial \psi_i}{\partial r} + V_i(r,\theta), \ \ \psi_i = \tilde{\psi}_i(\xi), \ \ U_i(r,\theta) = -\tilde{u}_i(\xi)h'(\theta),$$

$$V_i(r,\theta) = \tilde{\upsilon}_i(\xi), \ \ \ \xi = \frac{r}{h}, \ \ \frac{\Lambda_1}{e^{\alpha p}} \frac{dp}{d\theta} = \frac{\tilde{c}_1}{h^2} + \frac{\tilde{c}_2}{h^3}, \ \ \frac{\Lambda_2}{e^{\alpha p}} \frac{dp}{d\theta} = \frac{\tilde{\tilde{c}}_1}{h^2} + \frac{\tilde{\tilde{c}}_2}{h^3}$$

$$P = A(\theta)(r^* - 1)(r^* - \gamma)^2 + c^*(r^* - \gamma)^2 h'(\theta)(r^* - 1) + p, \ \ \gamma = \frac{r_0}{r_0 + H} . (6)$$

Подставляя (6) в (3) и в граничные условия (5), будем иметь

$$\tilde{\psi}_1''' = \tilde{c}_2, \ \tilde{\upsilon}_1'' = \tilde{c}_1, \ \tilde{u}_1' + \xi \tilde{\upsilon}_1' = 0, \ \tilde{\psi}_2''' = \tilde{\tilde{c}}_2, \ \tilde{\upsilon}_2'' = \tilde{\tilde{c}}_1, \ \tilde{u}_2' + \xi \upsilon_2' = 0 . (7)$$

$$\tilde{\psi}_1'(0) = 0; \ \tilde{u}_1(0) = Nc^* \left(\frac{H}{r_0 + H} \right)^2, \ \tilde{\upsilon}_1(0) = 1, \ \psi_2'(1) = 0, \ \tilde{u}_2(1) = 0,$$

$$\tilde{\upsilon}_2(1) = 0, \ \tilde{\psi}_1'(\alpha) = \tilde{\psi}_2'(\alpha), \ \tilde{\upsilon}_1(\alpha) = \tilde{\upsilon}_2(\alpha), \ \tilde{u}_1(\alpha) = \tilde{u}_2(\alpha), \ \tilde{\upsilon}_1'(\alpha) = \frac{\mu_2}{\mu_1} \tilde{\upsilon}_2'(\alpha),$$

$$\tilde{\psi}_1''(\alpha) = \frac{\mu_2}{\mu_1} \psi_2''(\alpha), \ \ \int_0^\alpha \tilde{\upsilon}_1(\xi) + \int_\alpha^1 \tilde{\upsilon}_2(\xi) d\xi = -Nc^* \left(\frac{H}{r_0 + H} \right)^2 = \beta. \ \ (8)$$

Решение задачи (7) – (8) находится непосредственным интегрированием. В результате, будем иметь

$$\tilde{\psi}_1' = \tilde{c}_2 \frac{\xi^2}{2} + c_2 \xi + c_3, \ \ \tilde{\upsilon}_1 = \tilde{c}_1 \frac{\xi^2}{2} + c_6 \xi + c_7,$$

$$\tilde{\psi}_2' = \tilde{\tilde{c}}_2 \frac{\xi^2}{2} + c_4 \xi + c_5, \ \ \tilde{\upsilon}_2 = \tilde{\tilde{c}}_1 \frac{\xi^2}{2} + c_8 \xi + c_9,$$

$$\tilde{u}_1 = -\tilde{c}_1 \frac{\xi^3}{3} - c_6 \frac{\xi^2}{2} + c_{10}, \ \ \tilde{u}_2 = -\tilde{\tilde{c}}_1 \frac{\xi^3}{3} - c_8 \frac{\xi^2}{2} + c_{11},$$

$$J_k(\theta) = \int_0^\theta \frac{d\theta}{(1 + \eta \cos \theta - \eta_1 \sin \omega \theta)^k}.$$

$$\Lambda_1 e^{-\alpha p} = \Lambda_1 e^{-\alpha} - \alpha[J_2(\theta)c_1 + J_3(\theta)c_2],$$

$$\Lambda_2 e^{-\alpha p} = \Lambda_2 e^{-\alpha} - \alpha[J_2(\theta)c_1 + J_3(\theta)c_2]. \ \ (9)$$

С точностью до членов $O(\eta^2), O(\widetilde{\alpha}^2)$ получим выражение для гидродинамического давления

$$p = 1 + \left(1 + \frac{\alpha}{2}\right)\frac{c_1}{\Lambda_1}\left(\eta\sin\theta - \frac{\eta_1}{\omega}(cos\,\omega\theta - 1) + \frac{\eta_1\theta}{2\pi\omega}(cos\,2\pi\omega - 1)\right). \quad (10)$$

Для определения постоянных интегрирования $c_i (i = 1, 2, ..., 1)$, а также

констант c_1, c_2, c_1, c_2, с учетом граничных условий (9), придем к следующей алгебраической системе 14 уравнений с 14 неизвестными

$$c_7 = 1, \quad c_{10} = \beta^*, \quad c_3 = 0, \quad -\widetilde{\widetilde{c}}_1\frac{1}{3} - c_8\frac{1}{2} + c_{11} = 0, \quad \widetilde{\widetilde{c}}_1\frac{1}{2} + c_8 + c_9 = 0, \quad \widetilde{\widetilde{c}}_2\frac{1}{2} + c_4 + c_5 = 0,$$

$$\widetilde{c}_1 = \frac{\mu_2}{\mu_1}\widetilde{\widetilde{c}}_1, \quad \widetilde{c}_2 = \frac{\mu_2}{\mu_1}\widetilde{\widetilde{c}}_2, \quad \widetilde{\widetilde{c}}_2 = -\frac{\widetilde{\widetilde{c}}_1 J_2(2\pi)}{J_3(2\pi)},$$

$$\widetilde{c}_1\alpha + c_6 = \frac{\mu_2}{\mu_1}\left(\widetilde{\widetilde{c}}_1\alpha + c_8\right), \quad \widetilde{c}_2\alpha + c_2 = \frac{\mu_2}{\mu_1}\left(\widetilde{\widetilde{c}}_2\alpha + c_4\right),$$

$$\widetilde{c}_2\frac{\alpha^2}{2} + c_2\alpha + c_3 - \widetilde{\widetilde{c}}_2\frac{\alpha^2}{2} - c_4\alpha - c_5 = 0;$$

$$\widetilde{c}_1\frac{\alpha^2}{2} + c_6\alpha + c_7 - \widetilde{\widetilde{c}}_1\frac{\alpha^2}{2} - c_8\alpha - c_9 = 0,$$

$$\widetilde{c}_1\frac{\alpha^3}{6} + c_6\frac{\alpha^2}{2} + c_7\alpha - \widetilde{\widetilde{c}}_1\frac{\alpha^3}{6} - c_8\frac{\alpha^2}{2} - c_9\alpha + \widetilde{\widetilde{c}}_1\frac{1}{6} + c_8\frac{1}{2} + c_9 = -\beta_3. \quad (11)$$

Решение системы (11) сводится к решению уравнения в матричной форме

$$M \cdot \vec{x} = \vec{b}, \quad (12)$$

где $\vec{x} = \left\{\widetilde{\widetilde{c}}_1; c_4; c_5; c_8; c_9\right\}$, $\vec{b} = \left\{0; 0; -6\alpha - 6\beta; 0; -2\right\}$,

$$M = \begin{vmatrix} -\dfrac{J_2(2\pi)}{J_3(2\pi)} & 2 & 2 & 0 & 0 \\ 1 & 0 & 0 & 2 & 2 \\ k\alpha^3 - \alpha^3 + 1 & 0 & 0 & 3k\alpha^2 - 3a^2 + 3 & 6 - 6\alpha \\ (1-k)\alpha^2\dfrac{J_2(2\pi)}{J_3(2\pi)} & 2\alpha(k-1) & -2 & 0 & 0 \\ \alpha^2(k-1) & 0 & 0 & 2\alpha(k-1) & -2 \end{vmatrix}.$$

Решая матричное уравнение (12), получим

$$\tilde{\tilde{c}}_1 = \frac{6 + 2\beta + 6\kappa\alpha^2 - 6\alpha^2 - 2\alpha\beta + \alpha\kappa\beta}{\Delta},$$

$$c_4 = \frac{\dfrac{J_2(2\pi)}{J_3(2\pi)}\left(3 - 6\alpha^2 - \beta\alpha^2 + 3\alpha^4 + \beta\alpha^3 - \alpha\beta + \alpha^3 k^2\beta + 3k^2\alpha^4 + \alpha\kappa\beta - 2\alpha^3 k\beta + \beta k\alpha^2 - 6k\alpha^4\right)}{\left(\alpha k - \alpha + 1\right)\Delta}$$

$$c_5 = \frac{-\dfrac{J_2(2\pi)}{J_3(2\pi)}\alpha\left(-3\alpha^2 - 3\alpha - 2\alpha\beta + 3\alpha^3 + \beta\alpha^2 + \beta + \beta k^2\alpha^2 + 3 + 6k\alpha^2 - 3k + 3\alpha^3 k^2 - \right.}{\left(\alpha k - \alpha + 1\right)\Delta}$$

$$\frac{\left. -\beta k - 2\beta k\alpha^2 + 3\alpha k\beta - 3\alpha^2 k^2 - \beta k^2\alpha - 6k\alpha^3 + 3\alpha k\right)}{\left(\alpha k - \alpha + 1\right)\Delta},$$

$$c_8 = \frac{4 - \beta\alpha^2 - 4\alpha^3 + \beta k\alpha^2 + 4k\alpha^3 + \beta}{\Delta},$$

$$c_9 = \frac{-4\alpha^3 + 4k\alpha^3 - 3k\alpha^2 + \beta k\alpha^2 + 3\alpha^2 - \beta\alpha^2 + \alpha\beta - \alpha k\beta + 1}{\Delta}, \quad (13)$$

$$\Delta = -4\alpha^3 + 1 + \alpha^4 - 6k\alpha^2 + 4k\alpha^3 + k^2\alpha^4 + 4k\alpha - 2k\alpha^4 - 4\alpha + 6\alpha^2,$$

$$\frac{J_2(2\pi)}{J_3(2\pi)} = 1 + \frac{\eta_1}{2\pi\omega}\left(\cos 2\pi\omega - 1\right), \quad \tilde{c}_2 = -\tilde{c}_1\left(1 - \frac{\eta_1}{2\pi\omega}\left(\cos 2\pi\omega - 1\right)\right),$$

$$c_2 = kc_4, \quad c_6 = kc_8, \quad \tilde{c}_1 = k\tilde{\tilde{c}}_1, \quad \tilde{\tilde{c}}_2 = -\tilde{\tilde{c}}_1\frac{J_2(2\pi)}{J_3(2\pi)}. \quad (14)$$

Основные рабочие характеристики подшипника. Безразмерные расходы Q_1 и Q_2 двухслойной смазочной жидкости определяются выражениями

$$Q_1 = \tilde{c}_2\frac{\alpha^3}{6} + c_2\frac{\alpha^2}{2} + c_3\alpha, \quad Q_2 = \frac{\tilde{\tilde{c}}_2}{6} + \frac{c_4}{2} + c_5 - c_6\frac{\alpha^3}{6} - c_4\frac{\alpha^2}{2} - c_5\alpha. \quad (15)$$

С использованием формул (10) и (14) для безразмерных компонент поддерживающей силы и безразмерной силы трения получим выражения

$$\tilde{R}_y = \frac{R_y}{p^* r_0} = \int_0^{2\pi}\frac{dp_1}{d\theta}\cos\theta d\theta = \tilde{c}_1\left[\pi\eta + \frac{\eta_1}{2\omega}\left[\frac{\cos(\omega - 1)2\pi - 1}{\omega - 1} + \frac{\cos(\omega + 1)2\pi - 1}{\omega + 1}\right]\right]\left(1 + \frac{\alpha}{2}\right),$$

$$\tilde{R}_x = \frac{\tilde{R}_x}{p^* r_0} = -\int_0^{2\pi}\frac{dp_1}{d\theta}\sin\theta d\theta = -\frac{\tilde{c}_1\eta_1}{2\omega}\left[\frac{\sin(\omega - 1)2\pi}{\omega - 1} - \frac{\sin(\omega + 1)2\pi}{\omega + 1}\right]\left(1 + \frac{\alpha}{2}\right),$$

$$\tilde{L}_{mp} = \frac{\tilde{L}_{mp}\delta}{\mu_1\Omega r_0^3} = \int_0^{2\pi}\left(\frac{\tilde{\psi}_1''}{h^2} + \frac{\tilde{\upsilon}'}{h}\right)_{\xi=0}e^{\alpha p}d\theta. \quad (16)$$

Выводы. Результаты численного анализа полученных аналитических выражений (16) для основных рабочих характеристик, показывают (рис. 2):

1. При учете проницаемости пористого слоя от давления несущая способность несколько снижается.

2. В рассматриваемом случае максимум несущей способности достигается при значении $\omega = \dfrac{1}{2}$.

3. Учет зависимости вязкости от давления повышает несущую способность.

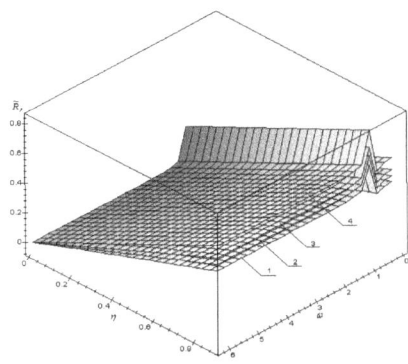

Рис. 2. Зависимость безразмерной несущей способности R_y от

параметров η и ω.

$1 - \alpha = 0,1;\ 2 - \alpha = 0,2;\ 3 - \alpha = 0,5;\ 4 - \alpha = 0,9.$

Библиографический список

1. Дерягин, Б.В. К теории граничного трения // Развитие теории трения и изнашивания. М.: Изд. АН СССР. 1957. – С. 15–26.

2. Ахматов, А.С. Молекулярная физика граничного трения. Физматгиз, 1963.

3. Аэро, Э.Л. Микромеханика межконтактных структурированных слоев жидкости / Э.Л. Аэро, Н.М. Бессонов // Итоги пауки и техники. Сер. Механика жидкости и газа. М.: ВИНИТИ. 1989. № 23. – С. 116–236.

4. 5. Ахвердиев, К.С. Стратифицированное течение трехслойной смазки в зазоре упорного подшипника, обладающего повышенной несущей способностью. / К.С. Ахвердиев, Е.Е. Александрова, М.А. Мукутадзе// Новые материалы и технологии в машиностроении. Брянск. 2010. С. 3–6.

6. Ахвердиев, К.С. Стратифицированное течение двухслойной смазки в зазоре упорного подшипника, обладающего повышенной несущей способностью./ К.С Ахвердиев, Е.Е. Александрова, Е.В. Кручинина, М.А. Мукутадзе// Вестник ДГТУ, Т. 10, № 2 (45), 2010. – С. 217–222.

7. Ахвердиев, К.С. Стратифицированное течение двухслойной смазки в зазоре сложнонагруженного радиального подшипника конечной

длины, обладающего повышенной несущей способностью. / К.С. Ахвердиев, Е.Е. Александрова, М.А. Мукутадзе //Вестник РГУПС, № 1,2010. – С. 132–137.

8. Ахвердиев, К.С. Стратифицированное течение двухслойной смазки в зазоре упорного подшипника, обладающего повышенной несущей способностью и демпфирующими свойствами. / К.С. Ахвердиев, Е.Е. Александрова, М.А. Мукутадзе // Проблемы синергетики в трибологии, трибоэлектрохимии, материаловедении и мехатронике. Материалы VIII международной научно–практической конференции. Новочеркасск, 2009. – С. 14–23.

9. Ахвердиев, К.С. Стратифицированное течение двухслойной смазки в зазоре радиального подшипника, обладающего повышенной несущей способностью и демпфирующими свойствами. / К.С. Ахвердиев, Е.Е. Александрова, М.А. Мукутадзе, Б.Е. Копотун // Вестник РГУПС, № 4, 2009. – С. 133–139.

Полончик О.Л. - доцент, к.т.н., САФУ им. М.В. Ломоносова,
Полончик О.О. - магистрант, САФУ им. М.В. Ломоносова

КОСМИЧЕСКИЕ РАДИОЛОКАЦИОННЫЕ СИСТЕМЫ МОНИТОРИНГА ЗЕМНОЙ ПОВЕРХНОСТИ

Задача повышения конкурентоспособности экономики очень актуальна для развития Архангельской области. Основным направлением повышения эффективности управления регионом является использование данных космического зондирования земной поверхности. Их использование предоставит руководству региона возможность оперативного воздействия на устойчивость управления территориями.

Дистанционное зондирование Земли (ДЗЗ) представляет собой современные технологии, включающие получение, и обработку данных космической съемки. С их помощью можно проводить и выполнять:

1. мониторинг ледовой обстановки в Арктике;
2. контроль нефтяных загрязнений акваторий;
3. контроль сельскохозяйственных площадей и влажности почв;
4. контроль лесного хозяйства (в том числе вырубки);
5. контроль паводковой обстановки и снегового покрова;
6. контроль судоходства и рыболовства;
7. поиск полезных ископаемых.

Федеральная космическая программа России на 2006 - 2015 годы предусматривает развитие, восполнение и поддержание орбитальной группировки космических аппаратов в интересах социально-экономической сферы, науки и безопасности страны.

Среди выбранных приоритетных направлений особое место занимает радиолокационное наблюдение. Программой предусматривается создание:

• системы космического метеорологического мониторинга в составе 5 космических аппаратов;

• системы космического мониторинга окружающей среды в составе 4 космических аппаратов.

Далее планируется наращивание и поддержание орбитальных группировок, включающих в себя:

• систему космического мониторинга окружающей среды в составе 10 космических аппаратов;

• систему космического метеорологического мониторинга в составе 7 космических аппаратов. [1, 2]

В последние годы начата интенсивная разработка ряда новых отечественных систем ДЗЗ и изучения околоземного космического пространства. Созданы новые типы малых КА (*Канопус-В, Кондор-Э, Электро-Л*). Налаживается их серийное производство и начаты лётные испытания. Технические характеристики соответствуют мировому уровню.

Разрабатывается система наблюдения «Арктика». Прошла опытные испытания космическая система радиолокационного наблюдения «Север».

Оценка величины экономического эффекта от результатов космической деятельности прогнозируется на уровне 637 млрд. рублей в ценах 2006 года.[1,6]

Анализ показывает, отставание нашей страны в области дистанционного зондирования Земли. Новые отечественные системы только создаются, а другие государства уже владеют этими технологиями.

РЛС кругового обзора с синтезированием апертуры за счёт вращения антенн космического аппарата(КА)

Схема такой системы представлена на рис.1.

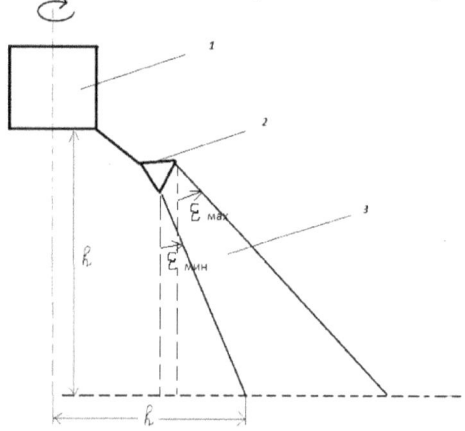

1 – космический аппарат с РЛС, стабилизированный вращением

2 – антенна РЛС

3 – ширина диаграммы направленности (ДН) по углу места

Рисунок 1 – Схема космической РЛС кругового обзора земной поверхности

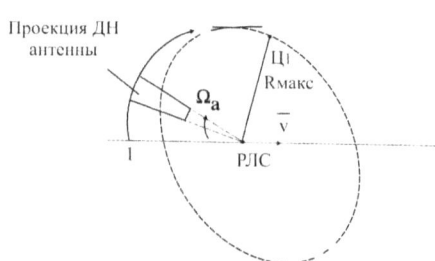

Ω_A - угловая скорость вращения антенны РЛС КА;

R_{max} - максимальное расстояние;

$Ц_1$ – цель;

$\vec{V}$ - линейная скорость движения КА.

Рисунок 2 – Вид проекций ДН антенны РЛС на земную поверхность в азимутальной плоскости.

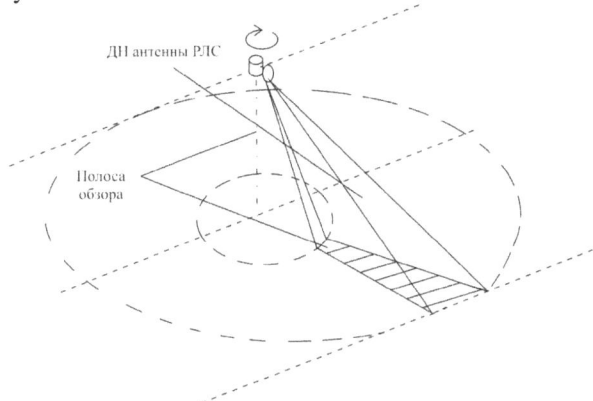

Рисунок 3 – Просмотр полосы обзора антенной РЛС КА

Антенна РЛС, за счёт кругового движения корпуса КА, к которому она жестко прикреплена, осуществляет сканирование подстилающей земной поверхности. Вид проекции ДН антенны в азимутальной и угломестной плоскости на земную поверхность представлен на рис.2 и 3.

Энергетика РЛС в методе лучше, так как используется более узкая ДН смещённой антенны.

Основные выводы

1. Площадь просматриваемой земной поверхности аналогична круговому методу, при этом угловая разрешающая способность получаемого изображения будет сопоставима с разрешающая способность РСА в прожекторном режиме.

2. Время облучения практически не зависит от дальности цели.

3. Обзор составляет не менее двух раз за один период, зависит от угловой скорости, определяющей количество циклов.

4. Энергетика системы лучше, используется более узкая ДН в угломестной плоскости, цель на направлении наблюдения, перпендикулярном вектору угловой скорости.

5. Выбором угла наклона антенны, исключается обзор земной поверхности по горизонтальной дальности непосредственно под носителем, где разрешающая способность РЛС крайне низкая.

Список литературы:

1. ФЕДЕРАЛЬНАЯ КОСМИЧЕСКАЯ ПРОГРАММА РОССИИ на 2006 - 2015 годы с изменениями, утвержденными постановлением Правительства Российской Федерации от 31 марта 2011 г. № 235

Петров Д.С.

аспирант, ФГБОУ ВПО «Новгородский государственный университет имени Ярослава Мудрого», Великий Новгород, Россия (173003, Великий Новгород, ул. Большая Санкт-Петербургская, д.41).

технолог, Филиал Новгородского областного потребительского общества «Новгородский пищекомбинат» (173020, Великий Новгород, Хутынский проезд, 7а)

dmitriy-s.petrov@yandex.ru

СПОСОБ ПОВЫШЕНИЯ ЭФФЕКТИВНОСТИ ХОЛОДНОГО КОПЧЕНИЯ МЕЛКОЙ МОРСКОЙ РЫБЫ

Аннотация

В статье представлены результаты экспериментальных исследований, направленных на разработку способа, позволяющего повысить эффективность процесса холодного копчения мелкой морской рыбы посредствам сокращения продолжительности стадии подсушки рыбы, проводимой при подготовке рыбы к холодному копчению, с целью снижения затрат на производство и получения качественного готового продукта, отвечающего требованиям соответствующей нормативно-технической документации.

Обоснована эффективность способа производства мелкой морской рыбы холодного копчения с инфракрасной обработкой на стадии подготовки рыбы к холодному копчению, как способа, позволяющего, более чем в 1,9 раз сократить продолжительность подсушки рыбы (по сравнению с конвективной обработкой); снизить количество мезофильных аэробных и факультативно-анаэробных микроорганизмов более чем в 2,6 раз; снизить затраты электроэнергии в 1,2 раза, а затраты на производство единицы продукции в 1,24 раза.

Введение

Различные авторы приводят различные схемы производства рыбы холодного копчения. Но, независимо от размеров рыбы, направляемой на холодное копчение и способов копчения, авторы едины во мнении, что традиционный процесс холодного копчения рыбы достаточно длителен. Так, длительность холодного копчения мелкой морской рыбы в механизированных коптильных установках при обеспечении надлежащих температуры, плотности и циркуляции дымовоздушной смеси составляет от 12 до 18 часов [12].

Большинство авторов в процессе холодного копчения выделяют стадию подсушки рыбы, которая является также достаточно длительной и основополагающей при формировании показателей качества готового продукта [4;5;13].

Стадия подсушки рыбы, как в естественных условиях, так и в специализированных камерах продолжается от 1 – 3 часов до 36 – 48 часов, а производственные установки для осуществления подсушки рыбы имеют ряд недостатков, основной из них – высокая стоимость (в пределах 500 тысяч рублей) [3;12].

Таким образом, мероприятия, направленные на сокращение продолжительности процесса холодного копчения мелкой морской рыбы, а также отдельных его стадий можно рассматривать, как мероприятия, направленные на повышение эффективности процесса. А эффективность процесса, есть не что иное, как связь между достигнутым результатом и использованными ресурсами [1].

Удаление влаги из продукта может происходить при использовании таких видов сушки, как кондуктивная, конвективная, радиационная, в электрическом поле высокой частоты [4].

При этом наиболее перспективным способом сушки пищевых продуктов на сегодняшний день является технология инфракрасного излучения [11].

Так как данный вид сушки основан на том, что инфракрасное излучение определённой длины волны активно поглощается водой, содержащейся в продукте, но не поглощается тканью высушиваемого продукта, поэтому удаление влаги возможно при невысокой температуре (около 40°C), что даёт возможность практически полностью сохранить витамины, биологически активные вещества, вкус и аромат, подвергаемых сушке продуктов [2].

В настоящее время разработано множество процессов сушки различных продуктов с использованием инфракрасного излучения. Однако нет достаточных сведений о возможности повышения эффективности процесса холодного копчения мелкой морской рыбы за счёт использования инфракрасного излучения для подсушки мелкой морской рыбы – мойвы – на стадии подготовки её к холодному копчению в электростатическом поле [6].

Цель исследования

Цель исследования заключается в разработке способа, позволяющего повысить эффективность процесса холодного копчения мелкой морской рыбы посредствам сокращения продолжительности стадии подсушки рыбы, при подготовке её к холодному копчению, с целью снижения затрат на производство и получения готового продукта, отвечающего требованиям по качеству соответствующей нормативно-технической документации.

Материалы и методы исследования

При проведении исследования по разработке способа, позволяющего повысить эффективность процесса холодного копчения мелкой морской рыбы, в качестве объекта исследования была выбрана мелкая морская рыба – мойва. Средняя масса одной рыбы в исследуемых партиях составляла 0,03±0,005 кг. Длина отдельных экземпляров рыбы составляла16±1,0 см. Таким образом, из отобранных экземпляров рыбы для проведения лабораторных испытаний были сформированы две партии: опытная и контрольная, масса рыбы в каждой партии составляла 0,302±0,006 кг. Исследования готовой рыбы проводили в трёхкратной повторности.

У готового продукта определяли органолептические показатели (вкус, цвет, запах, консистенцию), физические показатели (влажность), а также микробиологические показатели согласно требованиям нормативно-технической документации. Отбор проб рыбы для исследований проводили согласно ГОСТ 31339-2006, ГОСТ 54004-2010.

Исследование образцов мойвы холодного копчения на соответствие показателей качества требованиям нормативно-технической документации проводили в аккредитованном испытательном центре ГУ «Новгородская областная ветеринарная лаборатория».

Массовую долю влаги в образцах рыбы определяли методом высушивания в соответствии с ГОСТ 7636-85. Органолептические показатели определяли в соответствии с ГОСТ 7631-2008. Микробиологические показатели – в соответствии с требованиями ГОСТ 10444.15-94, ГОСТ Р 52816-07, ГОСТ Р 52815-07, ГОСТ Р 52814-07, МУ 01.11.91 [6].

Работу проводили следующим образом. Предварительно посоленное сырьё выдерживали в течение 1,5 минут в коптильном растворе, состоящем из воды, жидкого дыма и натурального пищевого красителя. Обработанную коптильным раствором рыбу навешивали на металлические прутки. Металлические прутки с рыбой после стекания излишков воды и коптильного раствора в течение 10 - 15 минут помещали в инфракрасную сушильную установку [8,9], разработанную нами, в дальнейшем усовершенствованную и названную ИКСУ-30 (инфракрасное сушильное устройство, с производительностью 30 кг/час).

В сушильной установке рыбу опытной партии подвергали обработке потоком воздуха (t = +14...+16 ºС), а также периодической инфракрасной обработке. Рыбу контрольной партии обрабатывали потоком нагретого до +24,0...+26,0 ºС воздуха с влажностью 69 %. Обработку в обоих случаях проводили до достижения продуктом заданной влажности: не более 62 %. Скорость движения воздуха измеряли анемометром. В обоих случаях скорость движения воздуха составляла 0,8±0,1 м/с. Далее подготовленную рыбу направляли в установку «Ижица 1200», предназначенную для холодного копчения рыбы в электростатическом поле. Рыбу коптили 90 минут в соответствии с технологическими рекомендациями по холодному копчению рыбы в установке «Ижица 1200» [14].

Готовую рыбу холодного копчения подвергали лабораторным испытаниям.

Режимы обработки опытных и контрольных партий рыбы, характеристики партий опытной и контрольной рыбы в процессе их подсушки и холодного копчения, влияние инфракрасной обработки на показатели качества мойвы холодного копчения, влияние инфракрасной обработки на изменение массы мелкой морской рыбы в процессе подсушки, результаты работы по повышению эффективности процесса подсушки мелкой морской рыбы при подготовке её к холодному копчению были представлены ранее в периодических научных изданиях и на международных научных конференциях [6;7;10].

Результаты исследования и их обсуждение

Разработанный нами способ холодного копчения мелкой морской рыбы и результаты исследования его эффективности показывают, что основного качественного показателя рыбы холодного копчения – конечного содержания влаги в готовом продукте (порядка 60 %) [6], но не более 62 % (согласно ТУ 9263-018-01605202-06 «Рыба холодного копчения»), рыба, подвергнутая инфракрасной обработке на стадии подготовки её к холодному копчению (подсушивание в устройстве ИКСУ-30), достигает за 46 минут, а рыба, контрольной партии, подвергнутая в процессе подсушивания конвективной обработке, – за 90 минут, что является более, чем в 1,9 раз продолжительнее, чем при использовании инфракрасной обработки.

Также, разработанный нами способ холодного копчения мелкой морской рыбы и результаты исследования его эффективности показали, что по органолептическим показателям рыба, подвергнутая инфракрасной и конвективной обработкам идентична и, соответствует требованиям по качеству ТУ 9263-018-01605202-06 «Рыба холодного копчения». По микробиологическим показателям мойва холодного копчения опытной (подвергнутая инфракрасной обработке в устройстве ИКСУ-30) и контрольной (подвергнутая конвективной обработке) партий соответствует требованиям СанПиН 2.3.2.1078-01 п.1.3.3.2. Однако, по показателю КМАФМ рыба, опытной партии содержит в 2,6 раз меньше микроорганизмов, чем рыба контрольной партии [6].

Очевидна и эффективность применения способа холодного копчения с инфракрасной обработкой мелкой морской рыбы на стадии подсушивания (инфракрасная обработка в устройстве ИКСУ-30). Расход электроэнергии на единицу продукции, при использовании устройства ИКСУ-30 в 1,2 раза меньше, чем при использовании конвективного сушильного оборудования, а затраты на подсушку единицы продукции при использовании конвективного сушильного оборудования в 1,24 раза больше, чем при использовании, разработанного нами устройства ИКСУ-30 [10].

Вывод

Таким образом, проведённые исследования показали, что, предложенный нами способ повышения эффективности холодного копчения мелкой морской рыбы позволяет производить продукцию, соответствующую требованиям нормативно-технической документации по органолептическим, микробиологическим и физическим показателям. При этом способ копчения мелкой морской рыбы с применением конвективной обработки на стадии подсушки мойвы перед собственно копчением в электростатическом поле и соответствующего оборудования продолжительнее, чем способ производства мелкой морской рыбы холодного копчения с инфракрасной обработкой рыбы на стадии подсушки (при использовании устройства ИКСУ-30), более чем в 1,9 раз. Также, применение предложенного нами способа производства мелкой морской рыбы холодного копчения позволяет снизить количество мезофильных аэробных и факультативно-анаэробных микроорганизмов более чем в 2,6 раз; снизить затраты электроэнергии в 1,2 раза, а затраты на производство единицы продукции в 1,24 раза [6;10].

Следовательно, способ копчения мелкой морской рыбы с использованием инфракрасной обработки на стадии подготовки рыбы к холодному копчению можно рекомендовать для использования в производстве. Этот способ обеспечивает эффективность и высокое качество готовой продукции.

Список литературы

1. Ефимов В.В. Описание и улучшение бизнес-процессов: учебное пособие / В. В. Ефимов. - Ульяновск: УлГТУ, 2005. - 84 с.

2. Инфракрасная сушка продуктов [Электронный ресурс]. – Режим доступа: http: //www.bid.dp.ua/site/all/sushka.ru (дата обращения: 01.03.2012).

3. Камеры для вяления рыбы в России [Электронный ресурс]. – Режим доступа: http://tiu.ru/Kamery-dlya-vyaleniya-ryby.html (дата обращения: 20.12.2013).

4. Кизиветтер И.В. Технология обработки водного сырья /И.В. Кизиветтер. –2-е изд. перераб. и доп. – Владивосток: Дальиздат, 1981 – 744 с.

5. Мезенова О.Я. Производство копчёных пищевых продуктов / О.Я. Мезенова, И.Н. Ким, С.А. Бредихин. – М.: Колос, 2001. – 207 с.

6. Петров Д.С. Влияние инфракрасной обработки на показатели качества мойвы холодного копчения // Фундаментальные исследования. – 2013. - Часть 6, №11. - с.1132 – 1135.

7. Петров Д.С.Инфракрасная обработка мелкой морской рыбы на стадии подготовки её к холодному копчению // Актуальные вопросы

образования и науки: сборник научных трудов по материалам Международной научно – практической конференции (Тамбов, 30 декабря 2013 г.). Часть 14. – Тамбов, 2013.. – с.108 – 111.

8.   Петров Д.С. Интенсификация процесса холодного копчения мелкой морской рыбы // Материалы докладов аспирантов, соискателей, студентов. Ч.2. XX научная конференция преподавателей, аспирантов и студентов Новгородского государственного университета (Великий Новгород, 15 – 20 апреля 2013). Часть 2. – Великий Новгород, 2013. – С. 3 – 5.

9.   Петров Д.С. Способ и устройство для производства мелкой морской рыбы холодного копчения // Заявка на патент РФ в ФИПС № 2013129515 от 27.06.2013.

10.   Петров Д.С, Лаптева Н.Г. Способ повышения эффективности процесса подсушки мелкой морской рыбы при подготовке её к холодному копчению // Вестник Новгородского государственного университета имени Ярослава Мудрого. – 2014. - № 76. – с. 48 – 51.

11.   Преимущества инфракрасного сушильного оборудования [Электронный ресурс]. – Режим доступа: www.prosushka.ru (дата обращения: 18.02.2014)

12.   Сборник технологических инструкций по обработке рыбы в 2 т. Т.2 /Под ред. А.Н. Белогурова, М.С. Васильевой. – М.: Колос, 1994. – 589 с.

13.   Слапогузова З.В. Копчение рыбы /З.В. Слапогузова. – М.: Изд-во ВНИРО, 2007. – 169 с.

14.   Технология копчения. Коптильная установка Ижица-1200 М2 [Электронный ресурс]. – Режим доступа: http: //www.ijiza.ru/ (дата обращения: 20.04.2013).

Adzinets D.N.
Ostroukhova S.A.

THE METHOD OF IMAGE RESOLUTION INCREASING BASED ON INVERSE-SQUARE LAW

Abstract. The report contains time and visual results comparison of linear and adaptive methods. A new linear superresolution method is proposed. The method is based on inverse-square law.

Key words: superresolution, nearest-neighbor interpolation, bilinear interpolation, interpolation based on inverse-square law, new edge-directed interpolation (NEDI).

BASIC SINGLE-FRAME SUPER RESOLUTION METHODS OVERVIEW

At present the problem of image increasing is rather actual. It is often necessary to get image with higher resolution. General interpolation methods do not always give satisfactory results. Therefore special techniques are developed. The image super resolution problem has some special features:

1. Additional preliminary information about image is necessary.
2. Processing result marks depend on subjective opinion.

There are special requirements for image processing results: small details shouldn't disappear or appear, level of degradation effects such as blurring, aliasing, Gibbs effect should be as low as possible. Objective marks are very important, because they contain information about processing time and quality.

Existing super resolution methods could be divided into 2 groups – linear and adaptive ones. Linear methods are easier, less demanding to resources and satisfy users in most cases. Adaptive methods take much more time for processing and provide better results, as a rule.

NEDI is one of the most widespread adaptive methods [1]. Edges Interpolated with the method are rather sharp and smooth. But the method has several drawbacks. The image can be increased only in 2, 4, 8, 16 and so on times. It takes rather a long period of time to process image with NEDI. For example, it takes almost 2 seconds to increase image with size of 72x72 pixels with coefficient 2 in horizontal and vertical direction (for a PC with AMD A10-4600M 2.3-GHz CPU and 8-GB DDR3 RAM). If it is necessary to increase the same image into 16 times by each direction, the method will be applied recursively and it will take about 2.5 minutes. Due to the method features a processing time growth is nonlinear.

The nearest-neighbor interpolation method is the simplest and fastest linear method [2]. It will take only 1 second to increase resolution of an image with size of 72x72 pixels in 16 times. A serious drawback of this method is aliasing.

Bilinear interpolation method computes the pixels colors relying on neighbor pixels colors. The weight of neighbor pixels colors linearly depends on distance between pixels. Result images are much distorted. The method is well suited for images with smooth gradient transitions and ill-suited for images with sharp edges.

Linear methods differ from adaptive so that all pixels are processed according to the same principle, regardless of the environment. Adaptive methods seem to be more prospective, because they are able to suppress degradations or better balance them. On the other side, adaptive methods are more complex and require sophisticated calculations andis timeconsuming.

METHOD BASED ON INVERSE-SQUARE LAW

The method based on inverse-square law is used in the photography art to calculate the power of light and determine the correct exposure [3]. It is proposed to apply the principles of the method for images super resolution. In the method new pixels are calculated regarding the neighbor pixels in the original image depending on the distance to them. The pixel weight has quadratic dependence on distance between pixels. It allows sharpness increasing of the resulting image, because the edges become less blurry. At the same time aliasing effect is suppressed in the final image.

It will take almost the same time as bilinear interpolation takes.

In increasing image resolution with inverse-square law method, each pixel of the output image is projected on the input image and fractional pixel coordinates in the original image are calculated by formula (1):

$$x_{in} = x_i * \frac{W_{in}-1}{W_{out}-1}, y_{in} = y_i * \frac{W_{in}-1}{W_{out}-1}, \ i \in [0; W_{out} - 1]. \tag{1}$$

The distance to the nearest horizontal and vertical neighbors is defined by formula (2):

$$r_{left} = \{x_{in}\}, \qquad r_{right} = 1 - \{x_{in}\}, \qquad r_{up} = \{y_{in}\},$$
$$r_{down} = 1 - \{y_{in}\}. \tag{2}$$

The distance squares, so the next step is normalizing by formula (3), because neighbor pixels weight sum should be equaled 1.

$$n_x = \frac{1}{r_{left}^2 + r_{right}^2}, \ n_y = \frac{1}{r_{up}^2 + r_{down}^2}, \ \Delta x = r_{left}^2 * n_x, \ \Delta y = r_{up}^2 * n_x. \tag{3}$$

Horizontal and vertical coordinates are calculated independently.

Neighbor pixels weight in the original image is calculated by formulas (4):

$$W = \begin{bmatrix} (1 - \Delta x) * (1 - \Delta y) & \Delta x * (1 - \Delta y) \\ (1 - \Delta x) * \Delta y & \Delta x * \Delta y \end{bmatrix} \tag{4}$$

Every pixel color is calculated as a sum of the neighbor color values, multiplied by coefficients.

Inverse-square law method can be applied for image super resolution with rational coefficient, because result pixels are projected on the original image.

Different methods results are presented in table 1. The original size of image is 24 x24 pixels. Increasing coefficient by each direction is 4.

Original images and super resolution results for different methods

Table 1	Super resolution methods			
	Nearest-neighbor interpolation	Bilinear interpolation	NEDI	Inverse-square law interpolation

SUMMARY

The proposed method based on inverse-square law for image super resolution combines advantages both of nearest-neighbor interpolation and bilinear interpolation. The inverse-square law provides super resolution quality close to bilinear interpolation. The speed of this method is as high as in other linear methods. The advantage of the method is ability of super resolution with rational coefficients. The method can be adopted for parallel calculations.

REFERENCES

1. Edge-DirectedInterpolation, see-http://chiranjivi.tripod.com/EDITut.html.
2. A. S. Krylov, A.V. Nasonov, "Computer image resolution increasing us-ing the methods of mathematical physics", Lomonosov Moscow State Univer-sity, MAX Press, 2011. – 72p.
3. Inverse-square law. Photography lessons, various methods of shooting with SLR, see http://photo-secrets.ru/new-user/main/zakon-obratny-h-kvadratov/.

Насонкина Н.Г.[b] - д.т.н., профессор, **Маслак В.Н.**[a] - к.т.н., доцент,
В.Н.Сахновская[b], **Гутарова М.Ю.**[b], **Яковенко К.А.**[b] - к.т.н., доцент

a – Ассоциация «Укрводоканалэкология», e-mail: maslak9@rambler.ru

b – Донбасская национальная академия строительства и архитектуры,
e-mail: Nasonkina70@mail.ru, <u>vsahnovskaya@mail.ru</u>

АНАЛИЗ АВАРИЙНОСТИ ВОДОНЕСУЩИХ СЕТЕЙ

Основной задачей технической эксплуатации систем водоснабжения и водоотведения является обеспечение надежной работы всех элементов. Самое уязвимое звено систем – это трубопроводы. На надежность сетей оказывает влияние большое количество факторов, которые тесно связаны между собой. Главными факторами, влияющими на работу сети, являются материал, продолжительность эксплуатации трубопроводов, наличие агрессивных грунтовых вод и гидравлический режим работы сети [1].

Для нужд народного хозяйства Украины до 1990 года ежегодно поставлялось 75% стальных, 5% - чугунных и 20% - неметаллических труб, что привело к высокой металлоемкости трубопроводных систем.

Высокий процент износ подземных трубопроводов достиг сегодня в Украине критических значений, что создает реальную угрозу техногенной безопасности, как отдельных объектов, так и всей страны.

Проанализируем некоторые особенности аварийности трубопроводов, на примере Донецкой области. Водопроводная сеть области характеризуется большой протяженностью (рис. 1), металлоемкостью, сложными инженерно-геологическими условиями работы, низкими нагрузками на сеть (рис. 2).

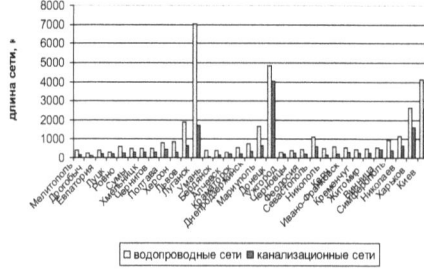 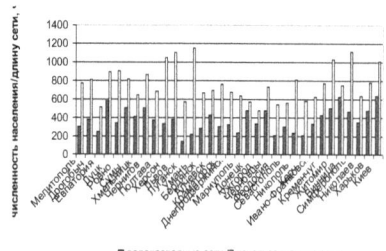

Рис. 1. Протяженность водопроводных и канализационных сетей (по Украине)

Рис. 2. Оценка зависимости отношения численности населения от общей протяженности сетей

Анализируя состояние сетей за последние два года, можно сказать, что ежегодно только по г. Макеевке происходит в среднем 1394 разрыва труб, 3504 коррозионных повреждений и 2248 повреждений стыков, приводящих к потерям воды. Для сравнения в 1998 году эта величина составляла – 4100 повреждений в год (рис. 3).

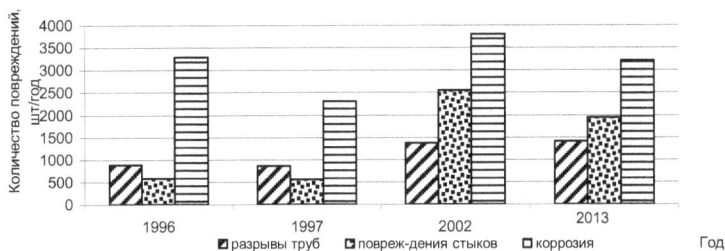

Рис. 3. Количество повреждений трубопроводов

Аварийность канализационных сетей по г. Макеевке составляет 12,6 аварий/км в год. В целом по Украине 80% трубопроводов систем водоотведения находится в аварийном состоянии.

Показатели аварийности сетей водоснабжения и водоотведения для Донецкой области в 2,6 раза превышают среднеотраслевые значения по стране [2], что объясняется большой протяженностью сети, высоким износом и наличием сложных горно-геологических условий (рис.4.)

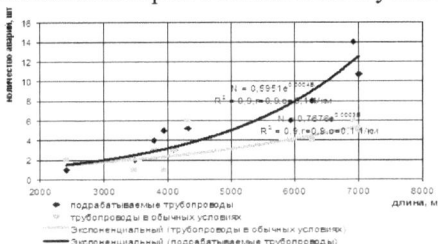

Рис. 4. Зависимость количества аварий от общей протяженности трубопровода

В процессе изучения аварийности водопроводных сетей выявлена зависимость величины повреждаемости трубопровода от длины подрабатываемой части рассматриваемого участка (рис. 5).

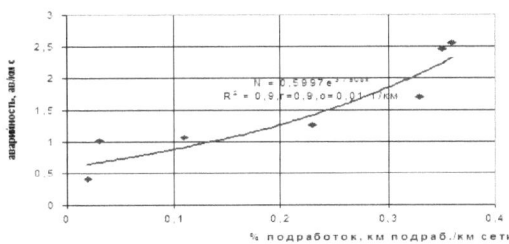

Рис. 5. Влияние подрабатываемой территории на аварийность подземных трубопроводов

Количество аварий на трубопроводах изменяется во времени (рис.6). Причем аварийность чугунных трубопроводов несколько ниже, чем стальных [3].

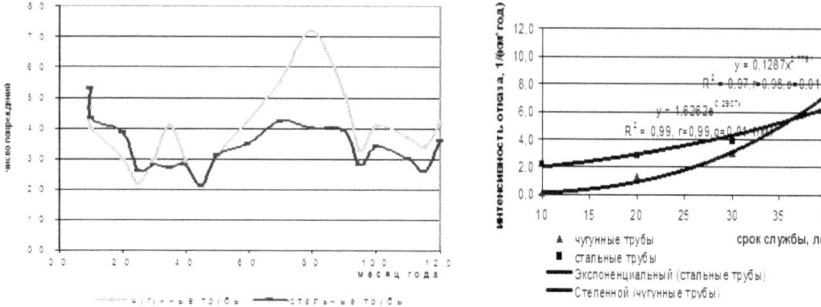

Рис. 6. Зависимость числа отказов трубопроводов во времени:
а) в течении года;   б) в течении всего срока службы.

Сегодня, системы подачи и распределения воды в Украине работают в условиях неустановившегося движения. Трубопроводы на протяжении суток постоянно работают с переменным режимом, как по расходу, так и по давлению в сети.

Изменение   гидравлического   режима   работы   водонесущих коммуникаций в течение года, оказывает влияние на надежность их работы (рис.7).

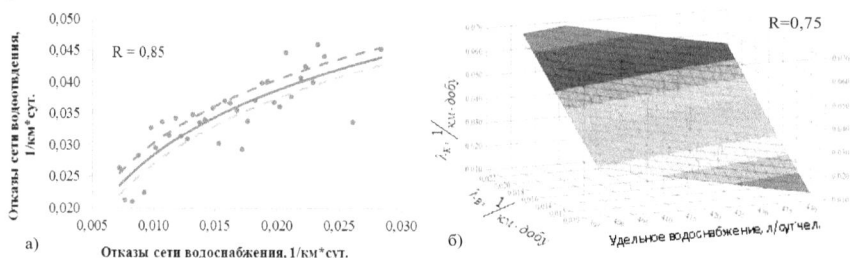

Рис. 7. Зависимость аварийности сетей водоотведения от:
а) аварийности сетей водоснабжения; б) аварийности сети водоснабжения и удельного водопотребления

Высокий процент износа коммуникаций систем водоснабжения вызывает рост потерь воды (рис. 8).

Анализ   порывов   позволяет   прогнозировать   аварийность   на ближайшие 5÷10 лет. Надежность прогноза повышается с увеличением отношения продолжительностей предпрогнозного и прогнозируемого периодов. Результаты прогнозирования по обоим методам приведены на рис. 9.

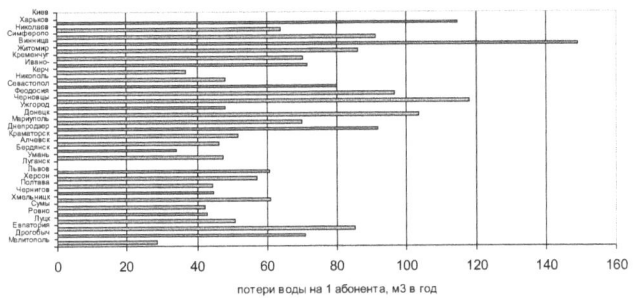

потери воды на 1 абонента, м3 в год

Рис. 8. Оценка потерь воды на 1 абонента по городам

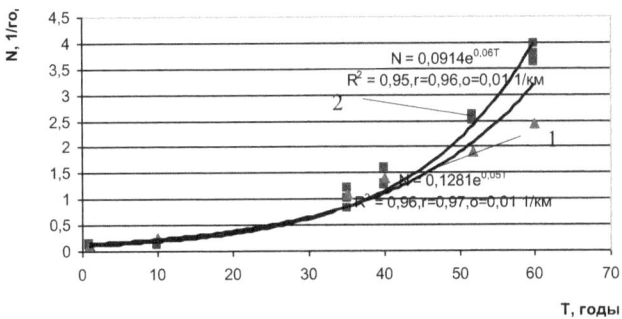

Рис. 9. Зависимость количества порывов N от срока службы Т трубопровода при: 1- прямом прогнозе, 2 – расчетном прогнозе

Для повышения надежности работы сетей водоснабжения и водоотведения сегодня необходимо провести паспортизацию и обследование трубопроводов. Зная износ стенки труб и срок эксплуатации, можно рассчитать среднюю внутреннюю скорость коррозии и принять решение о замене, или санации трубопровода.

СПИСОК ИСПОЛЬЗОВАННОЙ ЛИТЕРАТУРЫ

1. Сахновська В.М. Визначення базових та додаткових факторів, що впливають на надійність та екологічну безпеку мережводопостачання і водовідведення.//Коммунальное хазяйство городов.- №93-Харьков:КНУГХ, 2010. –С.376-383

2. Національна доповідь про якість питної води та стан питного водопостачання в Україні у 2010 році// Міністерство регіонального розвитку, будівництва та житлово-комунального господарства України – Київ, 2011р. -564с.

3. Насонкина Н.Г. Повышение экологической безопасности систем водоснабжения// Н.Г. Насонкина – Макеевка: ДонНАСА, 2005. – 181с.

Жабинский А.В.
магистр технических наук
Одинец Д.Н.
кандидат технических наук

СРАВНЕНИЕ РУЧНЫХ И АВТОМАТИЧЕСКИ ВЫДЕЛЕННЫХ ПРИЗНАКОВ В ЗАДАЧЕ РАСПОЗНАВАНИЯ ЭМОЦИЙ

С развитием компьютерного зрения и машинного обучения стало возможным решение новых, более сложных задач. Однако, многие из них всё ещё требуют серьёзного вмешательства со стороны человека. Одной из таких задач является задача распознавания эмоций по изображению человеческого лица. Классический подход к её решению подразумевает использование так называемых моделей активного образа (active appearance models, ААМ), требующих трудоёмкого процесса создания обучающей выборки. В этой связи встаёт вопрос поиска менее трудоёмких способов обучения распознающего алгоритма. В данной работе проведено сравнение двух подходов к сбору признаков: ручного и автоматического, основанного на ограниченных машинах Больцмана (restricted Boltzmann machine, RBM).

Для полноценного сравнения прежде всего следует точно определить задачу, входные данные и ожидаемый результат. Очевидно, что для распознавания по изображению лица требуется набор изображений, содержащих лица. Кроме того, по крайней мере часть изображений должна иметь метки тех эмоций, для которых будет проводиться распознавание. Для ручного подхода на основе ААМ также разрешается использование отмеченных вручную для каждого изображения ключевых точек (как правило, это набор из 50-80 точек, описывающих контуры основных элементов лица - бровей, глаз, носа и губ). Тогда задачу можно сформулировать следующим образом: имея описанный набор данных, создать классификатор, способный максимально точно определять выражаемые человеком на изображении эмоции. Ниже будет описано, как данная задача была решена с помощью выделенных вручную и автоматически полученных признаков, а также полученные результаты.

Основная цель моделей активного образа ([1; 2]) - сопоставить статистическую модель формы и текстуры (интенсивности пикселей) реальному изображению. В приложении к распознаванию выражений лиц это означает, что вначале по набору размеченных изображений строится модель, описывающая возможные вариации положения ключевых точек и интенсивности пикселей между ними, а затем алгоритм подгонки пытается найти те же точки на новых, неразмеченных изображениях. Распознавание эмоций при этом строится как отдельный шаг поверх моделей активного образа и реализуется как стандартное обучение с учителем. Здесь в качестве обучающих данных используются уже определённые с помощью

AAM ключевые точки, а в качестве правильных ответов - метки эмоций. Обзорный материал по теме классификации эмоций на основе AAM можно найти в [3, 21]. В данной же работе использовался один из наиболее распространённых алгоритмов классификации, а именно метод опорных векторов (support vector machine, SVM). Полный эксперимент, а также его результаты, приведены в конце работы.

Ограниченные машины Больцмана ([4]) предлагают другой подход к данной проблеме. Получившие распространение в середине 2000-ых, они чрезвычайно хорошо показали себя в задачах выделения (изучения) визуальных признаков. Например, в задаче оптического распознавания символов они позволили в полностью автоматическом режиме выделить наиболее характерные линии, составляющие символы, и, тем самым, свести задачу к классификации по высокоуровневым признакам вместо классификации по отдельным пикселям. Эффект автоматического изучения устойчивых признаков достигается за счёт использования порождающей вероятностной сети, а также алгоритма, в некоторой степени имитирующего алгоритм Метрополиса ([5]) для марковских цепей. Подробное описание ограниченных машин Больцмана, а также практическое руководство по их обучению можно найти в [6].

В чистом виде RBM стремятся изучить глобальные признаки, что для практических задач с достаточно крупными изображениями не всегда релевантно. Поэтому в данной работе в качестве обучающего материала были использованы не полные изображения, а наборы "вырезанных" случайным образом кусочков (регионов) фиксированного размера, что позволило алгоритму выделить небольшие локальные признаки (дуги, градиенты, группы пикселей и т.д.). По причинам, которые вскоре станут очевидными, назовём полученные признаки фильтрами.

Как и в случае с AAM, в качестве конечного классификатора использовался метод опорных векторов. Однако, вместо координат ключевых точек использовались признаки, полученные путём применения к оригинальным изображениям процедуры свёртки с полученными ранее фильтрами.

В таблице ниже приведены основные шаги двух сравниваемых методов.

AAM+SVM (признаки, выделенные вручную)	RBM+SVM (автоматически полученные признаки)
1. Ручное выделение ключевых точек. 2. Обучение AAM по выделенным точкам.	1. Выделение случайных регионов изображений. 2. Обучение RBM на этих

3. Использование обученной модели для определения координат точек на новых изображениях. 4. Обучение и применением SVM на полученных координатах и метках эмоций.	регионах и получение высокоуровневых признаков (фильтров). 3. Использование свётки начальных изображений полученными фильтрами. 4. Обучение и применение SVM на новых изображениях и метках эмоций.

Для обучения обоих методов был использован расширенный набор данных Cohn-Kanade ([7]), включающий 10708 изображений с 66-ю отмеченными ключевыми точками, 327 из которых также имеют метку одной из 7 базовых эмоций (вместе с нейтральным выражением лица). Размер вырезаемого региона был установлен в 12 пикселей (при размере полного изображения в 256 пикселей по X и 200 пикселей по Y), а количество компонент для RBM - 72. Предобучение RBM проводилось на всех изображениях, в то время как SVM в обоих подходах использовал лишь те изображения, для которых существует метка эмоции.

По результатам перекрёстной проверки (cross-validation) связка AAM+SVM показала в среднем 92% корректно классифицированных результатов, в то время как RBM+SVM - 64%. Это, однако, значительно выше чистого SVM, чья средняя точность всего чуть выше 20%.

Таким образом, несмотря на относительно низкий результат классификации с автоматически выделенными признаками, данный эксперимент явно показывает перспективность поиска альтернативных способов выделения признаков. Вероятно, наилучшим подходом будет некий гибрид RBM и AAM, на что и будет направлена будущая работа.

Список использованных источников:

1. Cootes T. F., Edwards G. J., Taylor C. J. // In Proc. European Conf. on Computer Vision. 1998. Vol. 2,
P. 484–498.

2. Matthews I., Baker S. // International Journal of Computer Vision. 2004, Vol. 60 (2) P. 135 - 164.

3. Ratliff, M. S. Active appearance models for affect recognition using facial expressions: thesis by MD in
CS. Wilmington, 2010.

4. Hinton, G. E., Salakhutdinov, R. R. Reducing the Dimensionality of Data with Neural Networks // Science, 2006, Vol. 313 (5786), P. 504–507.

5. Metropolis, N., Rosenbluth, A.W. Equations of State Calculations by Fast Computing Machines. Journal of Chemical Physics. 1953, Vol. 21 (6), P. 1087–1092.

6. Hinton, G. E. A Practical Guide to Training Restricted Boltzmann Machines. University of Toronto, 2010.

7. Lucy, P., Cohn, J. F., Prkachin, K. M., Solomon, P., & Matthews, I. Painful data: The UNBC-McMaster Shoulder Pain Expression Archive Database // IEEE International Conference on Automatic Face and Gesture Recognition, 2011.

Маркина О.В.
проф.
Якимов И.М.
КНИТУ-КАИ им. А.Н.Туполева

СТАТИСТИЧЕСКОЕ МОДЕЛИРОВАНИЕ ДВИЖЕНИЯ АВТОТРАНСПОРТА ПО ТРАССАМ

Проведено статистическое моделирование движения автотранспорта по трассам. Для этого было применено имитационное моделирование на языке GPSS World. Выделено 9 показателей эффективности движения автотранспорта, а именно:

- y1 - среднее время проезда по полной длине трассы грузовых автомобилей;
- y2 - стандартное отклонение времени проезда по полной длине трассы грузовых автомобилей;
- y3 - средняя скорость движения по трассе грузовых автомобилей;
- y4 - среднее время проезда по полной длине трассы легковых автомобилей;
- y5 - стандартное отклонение времени проезда по полной длине трассы легковых автомобилей;
- y6 - средняя скорость движения по трассе легковых автомобилей;
- y7 - коэффициент заполнения трассы;
- y8 - среднее количество автотранспорта на трассе;
- y9 - максимальное количество автотранспорта на трассе.

Также выделено три фактора, влияющих на эти показатели:

- x1 - интенсивность поступления автотранспорта грузового типа на трассу;
- x2 - интенсивность поступления автотранспорта легкового типа на трассу;
- x3 - длина трассы.

Проведено стратегическое планирование экспериментов и назначено 15 вариантов точек. Из них одна центральная точка, восемь точек ПФЭ (полного факторного эксперимента), и шесть звездных точек.

По результатам моделирования проведен корреляционный анализ влияния факторов, произведений факторов между собой и квадратов факторов. Вычисленные коэффициенты корреляции для y1 в качестве примера приведены на рисунке 1.

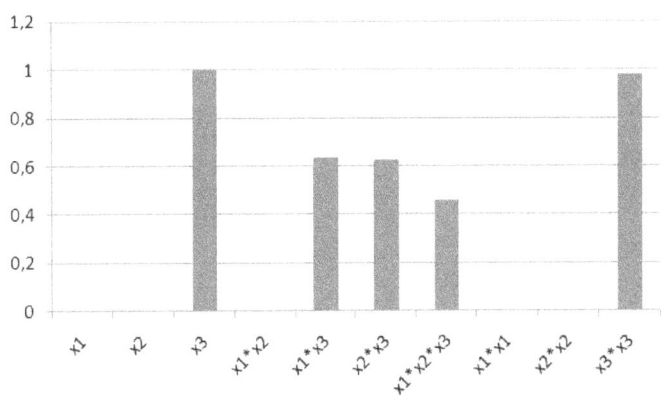

Рис.1.

По результатам корреляционного анализа произвели регрессионный анализ. Построили математическую модель, состоящую из 9 уравнений регрессии. Для примера приведем одно из них для показателя у1.

y1 = 0,067125 - 0,097662 *x1 - 0,064095 *x2 + 0,716928 *x3 - 0,017341 *x1*x2+ 0,002495 *x1*x3 + 0,000711 *x2*x3 - 0,000406 *x1*x2*x3 + 0,012463 *x1*x1 + 0,014912 *x2*x2 - 0,000017 *x3*x3.

В результате регрессионного анализа были получены характеристики уравнений регрессии. В качестве примера для показателя у1 данные характеристики приведены в таблице 1.

Таблица 1.

	Y1
Стандартная ошибка, $S_{ст}$	0,05626
Отношение $S_{ст}$ к среднему	0,00087
Коэффициент множественной детерминации, R^2	0,999
Критерий Фишера, F	800452,7
Уровень значимости по критерию Фишера, p	0,000

В случае первого показателя результаты позволяют сделать выводы, что характеристики практически удовлетворяют требованиям, а именно:

- По отношению стандартной ошибки к среднему уравнение практически удовлетворяет рекомендованному значению - меньше 0,05;
- Получено высокое значение коэффициента множественной детерминации - выше 0,99;
- Критерий Фишера достигает больших значений.

Проведение регрессионного анализа для всех показателей позволило выяснить, что характеристики удовлетворительны.

- По отношению стандартной ошибки к среднему только один показатель из девяти, а именно у9, не соответствует требованию - более 0,05.
- По коэффициенту множественной детерминации все показатели соответствуют требованию - выше 0,98.
- Критерий Фишера у всех показателей достигает больших значений.
- Уровень значимости по критерию Фишера только в одном случае из девяти получился 0,079, а именно у6.

Заключение:

1. Математическая модель составлена из совокупности девяти уравнений регрессии. При получении уравнений регрессии выполнены все требования, предназначенные к их получению.

2. Полученная математическая модель позволяет вычислить все результативные показатели эффективности по задаваемым значениям факторов.

Борсиева Е.Х.
интерн кафедры управления и экономики фармации
фармацевтического факультета ГБОУ ВПО ИГМУ, e-mail:
selen34a@mail.ru
Геллер Л.Н.
зав. кафедрой управления и экономики фармации ГБОУ ВПО ИГМУ,
д.ф.н., профессор, e-mail: levg@mail.ru
Раднаев Г.Г.
доцент кафедры эндокринологии и клинической фармакологии
ГБОУ ВПО ИГМУ, к.м.н. e-mail: radgeorg@mail.ru

ФАРМАКОТЕРАПИЯ ЭНЦЕФАЛОПАТИЙ РАЗЛИЧНОГО ГЕНЕЗА

Являясь общим неинфекционным поражением головного мозга, обусловленным протекающими в нем дегенеративные процессами, энцефалопатия значительно снижает качество жизни человека. Её клинические проявления разнообразны: когнитивные расстройства, головные боли, головокружения, шум в ушах, снижение остроты слуха и зрения, нарушения координации. Подобная симптоматика требует комплексного лечения, при котором патогенетически обосновано применение ЛП – нейропротекторов [1,4,5].

Целью исследования явилось обоснование и разработка рационального ассортиментного портфеля ЛП - нейропротекторов с учетом ценовой составляющей для больных энцефалопатиями различного генеза на амбулаторном этапе лечения.

В ходе исследования нами был проведен контент-анализ 283 историй болезни пациентов МУЗ ГКБ «Поликлиника №1» с диагнозом энцефалопатия. Среди исследуемого контингента больных наибольший процент составляют женщины - 209 чел (74%), большинство пациентов - 141 человек (49,83%) пожилого возраста (58 – 75 лет). Средний возраст пациентов составляет 72 года. Пациенты подвержены разным видам энцефалопатии: 190 человек (67%) подвержены дисциркуляторной энцефалопатии, остальные 93 человека (33%) – энцефалопатии различного генеза.

Рациональная организация фармакотерапии во многом зависит от достаточного наличия на региональном фармацевтическом рынке (ФР) соответствующих ЛП [1,3]. Контент-анализ информационных изданий: Государственного Реестра ЛС России 2012 и 2013 гг., Федерального руководства по использованию лекарственных средств (формулярная система), выпуск XIII, 2012 г., сопоставление данных российского и регионального ФР позволили установить, что на российском ФР позиционируются ЛП – нейропротекторы по 36 международным непатентованным наименованиям (МНН) и по 307 торговым наименованиям (ТН), а на региональном - по 35 МНН и по 155 ТН.

Наблюдается укрепление позиций отечественных производителей на региональном рынке ЛП – нейропротекторов (67,1%), в рейтинге стран-производителей ЛП – нейропротекторов Россия занимает первое место. Из 22 ТН ЛП - нейропротекторов зарубежного производства 10 ТН ЛП выпускается в Германии - 6,45%, Австрии - 5 ТН (3,23%), Белоруссии, Венгрии и Индии по 4 ТН (2,58%).

Формирование ассортиментного портфеля в значительной степени зависит от денежных затрат, которые существенны, так как пациенты вынуждены принимать ЛП - нейропротекторы курсами продолжительное время. Для оценки затрат пациентов на фармакотерапию нейропротекторами использован АВС – анализ, позволивший установить ФТГ ЛП, на приобретение которых расходуется основная часть денежных средств. В расчет включалась средняя розничная стоимость одной упаковки и, исходя из нее, проводился расчет курса лечения каждым ЛП [2,3]. В результате установлено, что удельный вес затрат пациентов на приобретение 15 ЛП (19,48%) составляет 63,08% (группа А); удельный вес затрат на приобретение 21 ЛП (27,27%) составляет 25,30% (группа В); удельный вес затрат на приобретение 41 ЛП (53,25%) составляет 11,62% (группа С). Далее нами произведено ранжирование 77 ЛП в соответствии с расходами на их приобретение.

В соответствии с программой исследования, с привлечением врачей – экспертов (8), осуществлен VEN-анализ используемых ЛП – нейропротекторов. В группу V (жизненно-важные) экспертами отнесены 20 ЛП по 4 МНН, в группу Е (необходимые) – 28 ЛП по 10 МНН, в группу N (второстепенные) – 29 ЛП по 12 МНН.

Параллельное проведение АВС/VEN – анализов позволяет объективно оценить рациональность использования ЛП, обосновать и предложить рациональный ассортиментный портфель данных ЛП при энцефалопатиях различного генеза с учетом ценовой составляющей.

Дальнейший маркетинговый анализ показал, что курсовая стоимость фармакотерапии при дисциркуляторной энцефалопатии у больных с артериальной гипертензией и атеросклерозом сосудов головного мозга, не перенесших инсульт, варьирует от 1256,05 руб. (Билобил капс. 40 мг №60, Мексиприм р-р для в/в и в/м введ. 50 мг/мл 2 мл №10, Мексиприм табл. п/о пленочной 0.125 г №30, Пирацетам капс. 400 мг №60) до 3372,58 руб. (Танакан табл. п/о 40 мг №90, Мексидол р-р для в/в и в/м введ. 50 мг/мл 2 мл №10, Мексидол табл. п/о пленочной 125 мг №50, Фенотропил табл. 100 мг №30).

Для больных с данным диагнозом, но перенесших инсульт, стоимость варьирует от 2173,29 руб. (Пентоксифиллин р-р для в/в введ. 20 мг/мл 5 мл №10, Пентоксифиллин табл. п/о 100 мг №60, Глицин табл. подъязычн. 100 мг №50, Билобил форте капс. 80 мг №60, Мексиприм р-р для в/в и в/м введ. 50 мг/мл 2 мл №10, Мексиприм табл. п/о пленочной

0.125 г №30, Бетагистин табл. 16 мг №30, Церепро р-р для в/в и в/м введ. 250 мг/мл 4 мл №5) до 9498,22 руб. (Трентал конц. д/р-ра для в/в и в/а введ. 20 мг/мл 5 мл №5, Трентал 400 др. 400 мг №20, Акатинол Мемантин табл. п/о пленочной 10 мг №90, Курантил N 75 табл. п/о 75 мг №40, Мексидол р-р для в/в и в/м введ. 50 мг/мл 2 мл №10, Мексидол табл. п/о пленочной 125 мг №50, Бетасерк табл. 16 мг №30, Церепро р-р для в/в и в/м введ. 250 мг/мл 4 мл №5, Церепро капс. 400 мг №14).

При энцефалопатии сочетанного генеза у больных сахарным диабетом стоимость фармакотерапии варьирует от 1997,53 руб. (Пентоксифиллин табл. п/о 100 мг №60, Пентоксифиллин р-р для в/в введ. 20 мг/мл 5 мл №10, Октолипен конц. д/р-ра д/инф. 30 мг/мл 10 мл №10, Октолипен капс. 300 мг №30, Комбилипен р-р для в/м введ. 2 мл №10, Комбилипен табс табл. п/о пленочной №60, Билобил капс. 40 мг №60, Пирацетам капс. 400 мг №60) до 10410,9 руб. (Трентал 400 др. 400 мг №20, Трентал конц. д/р-ра для в/в и в/а введ. 20 мг/мл 5 мл №5, Тиогамма р-р д/инф. 12 мг/мл 50 мл №10, Тиоктацид БВ табл. п/о 600 мг №100, Мильгамма р-р для в/м введ. 2 мл №5, Мильгамма композитум др. 100 мг №60, Вессел Дуэ Ф капс. 250 ЛЕ №50, Фенотропил табл. 100 мг №30).

Таким образом, нами установлено, что региональный ФР ЛП – нейропротекторов является рынком с достаточной глубиной ассортимента нейропротекторов (Кг=50,49%), на котором преобладает продукция отечественного производства (67,1%). Экспертная оценка используемых ЛП, разработанная методика матричного интегрирования данных ABC/VEN – анализов позволили с позиций доказательной медицины обосновать и разработать рациональный ассортиментный портфель ЛП - нейропротекторов с учетом ценовой составляющей для больных энцефалопатиями различного генеза.

ЛИТЕРАТУРА

1. Гусев Е.И., Коновалов А.Н., Бурд Г.С. Неврология и нейрохирургия. / под редакцией проф. Е.И.Гусева / М.: Медицина, 2000.
2. Геллер Л.Н., Раднаев Г.Г., Стреколовский О.И. Маркетинговая фармакоэкономическая оценка использования ЛС при ишемической болезни сердца на амбулаторном этапе лечения. / Сибирский медицинский журнал. Иркутск, 2011. - №5.
3. Дрёмова Н.Б., Овод А.И., Солянина В.А. и др. Фармакоэкономические исследования в практике здравоохранения. Учебно-методическое пособие. / Н.Б. Дрёмова / Курск, 2003.
4. Карлов В.А. Неврология. Руководство для врачей. изд. 2. / В.А.Карлов / М.: Медицинское информационное агентство, 2002.
5. Неврология. Национальное руководство / под редакцией Гусева Е.И., Коновалова А.Н., Скворцовой В.И., Гехт А.Б./ М.: ГЭОТАР-Медиа, 2009.

Шертаева К.Д. - профессор, д.фарм.н., **Блинова О.В.** - к.фарм.н.,
Махатов Б.К. - профессор, д.фарм.н., **Сапакбай М.М.** - к.фарм.н.,
Мустапаева Б.А. - магистрант
Южно-Казахстанская государственная фармацевтическая академия
Тулемисов С.К. - докторант, **Ботабаева Р.Е.** - докторант
Казахский государственный медицинский университет
имени С.Д. Асфендиярова
Тулеушова Р.К. - врач-эндокринолог
Шымкентский областной эндокринологический диспансер

ИЗУЧЕНИЕ МАРКЕТИНГОВОЙ СИТУАЦИИ КАК ОСНОВА ПРОФИЛАКТИЧЕСКИХ МЕРОПРИЯТИЙ

В настоящее время заболевания щитовидной железы являются одними из самых распространенных в мире. Так, препараты тиреоидных гормонов входят в число 13 наиболее часто выписываемых препаратов в США. В Великобритании эти же гормоны получает более 1% населения страны. Большая расположенность болезней щитовидной железы ставит их в один ряд с такими заболеваниями, как сахарный диабет и болезни сердечно-сосудистой системы [1,110; 2,3525].

Актуальность заболеваний щитовидной железы в Казахстане обусловлена геохимическими особенностями региона. Недостаток йода в почве, в воде ведет к развитию йододефицитных состояний [3,6].

Целью наших исследований явилась разработка плана макетинговых мероприятий по ликвидации иододефицита на региональном уровне.

Прежде чем составить план маркетинга (ПМ), нами проведен маркетинговый аудит, т.е. ситуационный анализ, который представляет собой анализ и оценку различных аспектов рыночной деятельности предприятия, результаты которого позволяют прогнозировать тенденции их развития и разработать ПМ.

Составленный нами план имеет разделы (таблица 1). Он составлен по аналогии школы маркетинга профессора Н. Б. Дремовой [4,91].

Таблица 1 – Основные разделы плана маркетинга

Разделы ПМ	Описание
1.Резюме для руководства к действию	Краткий обзор основных особенностей ПМ по ликвидации йодного дефицита в ЮКО.
2. Текущая маркетинговая ситуация - анализ существующего рынка йодсодержащих	Результаты аудита внешней и внутренней среды: SWOT-анализ ситуации, характеристика рынка йодсодержащих препаратов, т.е. характеристика целевого рынка.

препаратов	
3. Конкретные цели и возможные проблемы, которые могут повлиять на их достижение.	Цель: ликвидация йодного дефицита в ЮКО. Возможные проблемы: – непонимание или нежелание населения осуществлять мероприятие данной программой – отказ населения от употребления йодированной соли и других йодированных продуктов питания – недостаточное финансирование данной программы
4. Маркетинговые стратегии	
5. Маркетинговые программы / планы	Конкретные стратегии для укрепления рыночных позиций по отдельным составляющим комплекса маркетинга.
6. Финансовый план	
7. Методы контроля за выполнением плана	Детализируются предполагаемые расходы. Контроль за исполнением плана, их возможная корректировка, альтернативные стратегии.

Для выявления конкурентных преимуществ данной программы нами проведен SWOT - анализ, который позволил, во-первых, оценить возможности и угрозы со стороны внешнего окружения, во-вторых, определить свои сильные и слабые стороны.

Таблица 2 - Результаты SWOT-анализа после проведения мероприятий по ликвидации йоддефицитных состояний.

S - сильные стороны	O - благоприятные возможности
• Наличие рекомендации по профилактике заболеваний, связанных с йодным дефицитом в регионе. • Наличие информационного материала для врачей (инструктивные материалы), беременных женщин (буклеты), педагогов и родителей (памятки). Наличие справки для представителей власти. • Наполнение рынка	• Состояние и перспективы здоровья населения региона. • Увеличение платежеспособности населения. • Развитие профилактического направления в здравоохранении. • Развитие научно-технического прогресса в фармацевтической промышленности. • Устойчивое финансовое

йодсодержащими препаратами. • Снижение числа заболевших людей. • Снижение расходов здравоохранения на лечение патологий щитовидной железы.	положение аптечных предприятий. • Стабильный политический курс Казахстана. • Перспективная политика государства в области здравоохранения, культуры, образования, труда и заработной платы. • Тенденции роста фармацевтического рынка. • Наличие целевого сегмента реальных и потенциальных потребителей.
W - слабые стороны	T - угрозы
• Неинформированность населения о возможных влияниях йодного дефицита на заболеваемость,смертность, физическое и умственное развитие рождающихся детей и качество жизни • Нежелание населения (из-за неинформированности) поддерживать данную программу • Отсутствие стратегии реализации данных ЛС • Жесткая конкуренция среди различных аптечных организации на фармацевтическом рынке • Неудовлетворительное состояние мерчандайзинга в аптеках	• Значительная доля малоимущих в структуре населения. • Демографическая ситуация: «старение» населения в регионе, преобладание в структуре населения женщин. • Неудовлетворительное состояние здравоохранения (недостаточность бюджетного финансирования). • Ухудшение экологической ситуации. • Рост таможенных пошлин, инфляции, цен на энергоносители. • Неудовлетворительное финансовое положение аптек. • Недостаточная информированность практикующих врачей о потребительских свойствах ЛС.

В целом анализ свидетельствует о преобладании благоприятных возможностей со стороны внешней окружающей среды. Вместе с тем, при разработке плана маркетинга необходимо учесть угрозы со стороны товарного ассортимента , а также недостаточность информированности населения и опыта у практикующих врачей по применению лекарственных средств в профилактике заболеваний щитовидной железы. Основная информация для разработки плана маркетинга заключается в разделе SWOT-анализа - слабые стороны.

По результатам аудита нами выявлены недостатки по товару, цене, месту продаж и продвижению, и сформулированы следующие основные стратегии по товару:

-изучить возможности разработки элементов добавленного товара (буклеты для врачей, потребителей, сувенирная продукция);

- применить новые стратегии реализации лекарственных препаратов.

-изучить возможности использования различных методик ценообразования (для отдельных категорий населения, не включенных в программу ДЛО по месту продаж);

- улучшить состояние мерчандайзинга в аптечных учреждениях;

-совершенствовать продвижение товара (с использованием различных средств).

Список источников

1. Голоденко Б.А. Статистический анализ количественных признаков больных с аутоиммунным тиреоидитом // Вестник Воронежского государственного технического университета. – 2009.-Т.5. - №1.-С.110-113

2. Durelli L., Ferrero B., Oggero A., Verdun E.,Ghezzi A., Montanari E., Zaffaroni M. Thyroid function and autoimmunity during interfcron-Beta-Ib Treatment a Multicenter Prospective Study // J Clin Endocrinol Metab 2001; 86:p 3525-32

3. Бухарбаева А.Е., Ботабаева Р.Е., Шертаева К.Д., Блинова О.В. Совершенствование лекарственной помощи больным с патологией щитовидной железы на основе метода экспертных оценок // Фармацевтический бюллетень. – 2010, №7-8.-С.6-8

4. Дремова Н.Б. маркетинговый анализ состояния и перспектив развития мирового фармацевтического рынка // Маркетинг в России и зарубежом. – 2005.-№1(45)-С.87-96

Гребенёв Е.В.[1]

аспирант кафедры фармакологии и клинической фармакологии, grebya@inbox.ru.

Мешалкина С.Ю.[2]

кандидат фармацевтических наук, доцент кафедры организации и экономики фармации, svetlana_mes@mail.ru.

Слободенюк Е.В.[3]

доктор биологических наук, профессор кафедры фармакологии и клинической фармакологии, helena-slobodenuk@rambler.ru.

[1,2,3] ГБОУ ВПО «Дальневосточный государственный медицинский университет» Минздрава России, г. Хабаровск

МЕТОДИЧЕСКИЕ ПОДХОДЫ К АНАЛИЗУ СТРУКТУРЫ АССОРТИМЕНТА ПРОТИВОТУБЕРКУЛЕЗНЫХ ПРЕПАРАТОВ НА РЕГИОНАЛЬНОМ УРОВНЕ

По данным ВОЗ, около 2 миллиардов людей, или треть общего населения Земли, инфицировано туберкулезом. Заболеваемость туберкулезом во всём мире ежегодно возрастает на 9 миллионов человек, а 3 миллиона умирают от его осложнений.

В 2012 году в Российской Федерации зарегистрировано 96 740 случаев туберкулеза, показатель заболеваемости в среднем по стране составил 67,7 на 100 тыс. населения, что несколько меньше, чем в предыдущие годы (2011г. – 72,7, 2010 г. – 76,5 на 100 тыс. населения).

В последнее время проблеме борьбы с туберкулезом в Российской Федерации уделяется большое внимание. Принята специальная Федеральная целевая программа «Предупреждение и борьба с социально-значимыми заболеваниями», подпрограмма «Туберкулез». Выделяются средства в рамках Национального проекта «Здоровье», в 2013 году -3,4 млрд рублей . Действуют региональные программы борьбы с данной инфекцией. Приказом Министерства здравоохранения РФ от 15 ноября 2012 г. N 932н "Об утверждении Порядка оказания медицинской помощи больным туберкулезом", введены в действие стандарты лечения туберкулезом.

Наиболее высокий уровень заболеваемости туберкулезом отмечен на территории Дальневосточного федерального округа – 122,1 на 100 тыс. населения, что связано с региональными особенностями.

К факторам, повышающим риск возникновения туберкулеза, относятся хронические неспецифические заболевания легких, повторные пневмонии, сахарный диабет, психические заболевания, пылевые заболевания легких, тяжелые операции и травмы, язвенная болезнь желудка и двенадцатиперстной кишки, алкоголизм и наркомания, беременность и роды, заболевания, при которых необходимо длительное применение гормональных или цитостатических препаратов, а также врожденные и приобретенные иммунодефициты.

Кроме того к группе риска относят лиц, находящихся в тесном бытовом или профессиональном контакте с источником туберкулезной инфекции; подследственные, содержащиеся в следственных изоляторах, и осужденные, содержащиеся в исправительных учреждениях.

Нами выявлены факторы, влияющие на потребление противотуберкулезных препаратов.

Лидирующим из них является величина заболеваемости, а также структура больных ТОД, которая подразделяется на 4 категории: 1.1 ТОД ограниченный без деструкции и бактериовыделения. 1.2.ТОД ограниченный без деструкции, но с бактериовыделением. 1.3. ТОД с бактериовыделением, ограниченный с деструкцией или распространенный без деструкции. 1.4. ТОД с деструкцией и бактериовыделением, распространенный. Кроме того выделяют две фазы лечения: интенсивную и фазу продолжения лечения.

Настоящее исследование направленно на анализ рынка противотуберкулезных лекарственных препаратов в Хабаровском крае. Объектом исследования служили показатели деятельности одного из крупнейших дистрибьютеров на фармацевтическом рынке РФ - ЗАО «РОСТА» за период 2011-2013 гг.

Для проведения исследования ассортимента был применен метод АВС-анализа.

Важным разделом маркетинговых исследований является анализ фармацевтического рынка, в частности, ассортимента противотуберкулезных лекарственных препаратов. В России зарегистрировано 175 торговых позиций противотуберкулезных лекарственных препаратов, содержащих 20 действующих веществ.

На фармацевтическом рынке Хабаровского края в исследуемом периоде присутствовало 30-35 наименований, что составляет 20% официально зарегистрированных в России препаратов этой группы. Ассортимент противотуберкулезных лекарственных препаратов включает как таблетированные – 88,6%, так и инъекционные (11,4%) лекарственные формы, применяемые лишь в условиях стационара.

Среди производителей наблюдается следующая картина: 49% зарегистрированных препаратов отечественного производства, 27% индийского, остальные страны поставляют от 1% до 3%. Доля отдельных МНН в общем числе зарегистрированных торговых позиций составляет: рифампицин 26,6%, изониазид 19,3%, фтивазид 7,8%, пиразинамид 8,3%, этамбутол 15%, остальные 23%, в том числе комплексные 9,7%. В структуре ассортименте ЗАО «РОСТА» присутствуют лекарственные препараты 15 производителей.

Лидирующие позиции занимают такие производители как Dr.Reddy's – Индия; Promed Exports Pvt. Ltd. – Индия; Озон – Россия. Ассортимент включает в себя 9 международных непатентованных наименований противотуберкулезных лекарственных препаратов. Данные препараты в отделе маркетинга включены в группу «Химиотерапевтические средства» и в свою очередь подразделяются на две подгруппы: антибиотики и синтетические антибактериальные препараты.

На химиотерапевтические препараты в общем объеме товарооборота приходится 6,42%. За 2013 год прослеживается тенденция к снижению доли в общем объеме товарооборота в сравнении с 2011 годом на 1%.

С целью выявления препаратов, вносящих наибольший вклад в общий товарооборот ЗАО «РОСТА», был проведен ABC-анализ ассортиментных наименований противотуберкулезных лекарственных препаратов по стоимостному показателю.

В результате выделены три группы: группа А (2466816,73 рублей - 13%), В (466 361,91 рублей - 21%), С (86 859,90 рублей - 66%).

Анализ показал, что наибольший удельный вес в общем объеме товарооборота занимают торговые наименования: Ципролет таб. п/о 500мг х 10; Ципролет таб. п/о 250мг х 10; Этамбутол-Акри таб. 400мг х 100. Данные наименования остаются в лидерах на протяжении всего исследуемого периода.

Аналогично был проведен ABC-анализ химиотерапевтических препаратов, который так же показал что препараты: Ципролет таб. п/о 500мг х 10; Ципролет таб. п/о 250мг х 10; Этамбутол-Акри таб. 400мг х 100 - входят в ТОП 20 самых продаваемых в группе химиотерапевтических препаратов.

Таким образом, проведенный ассортиментный анализ сегмента рынка противотуберкулезных препаратов показал, что за период 2011-2013 гг. в ЗАО «РОСТА» на долю противотуберкулезных препаратов приходилось в среднем 0,38 % от общего товарооборота. Невысокое значение обусловлено тем, что группа препаратов специфична, а основные товарные запасы препаратов формируются за счет бюджетных средств по итогам государственных закупок.

В ходе проведенного исследования были определены наиболее стабильные лидеры сегмента фармацевтического рынка: противотуберкулезных лекарственных препаратов Ципролет таб п/о 500мг х 10; Ципролет таб п/о 250мг х 10; Этамбутол-Акри таб 400мг х 100.

Малыгина Т.Ю.[1], Слободенюк Е.В.[2]
[1] - аспирант ДВГМУ, г.Хабаровск.
[2] - д.б.н., доцент ДВГМУ, г. Хабаровск

МАРКЕТИНГОВЫЙ АНАЛИЗ ТРИПТАНОВ НА ФАРМАЦЕВТИЧЕСКОМ РЫНКЕ ДАЛЬНЕВОСТОЧНОГО ФЕДЕРАЛЬНОГО ОКРУГА РОССИЙСКОЙ ФЕДЕРАЦИИ

Мигрень – это хроническое заболевание, проявляющееся приступами тяжелой головной боли, которое начинается в раннем возрасте и сопровождает человека бо́льшую часть его жизни. При купировании приступа при недостаточной эффективности анальгетиков, при большой интенсивности боли и значительной продолжительности атак (24 – 48 часов и более) пациентам показано назначение специфической терапии триптанами. При отсутствии противопоказаний триптаны, должны быть рекомендованы всем пациентам, которым не помогают анальгетики. Триптаны мало различаются между собой, но могут иметь различную и непредсказуемую эффективность у различных пациентов.

По данным Государственного Реестра лекарственных средств за 2013 год на территории Российской Федерации зарегистрировано 20 торговых наименований (без учета дозировок и количества таблеток в упаковке) лекарственных препаратов (ЛП) группы «Триптаны», которые содержат 5 Международных Непатентованных наименований (МНН). Наибольшее количество торговых наименований имеет МНН – Суматриптан (15); МНН – Золмитриптан (2), МНН – Элетриптан, Наратриптан, Фроватриптан по 1 торговому наименованию. Зарекомендовавший себя в Европе Ризатриптан – в России не зарегистрирован. Для сравнения в 2009 г. было зарегистрировано 4 МНН и 10 торговых наименований в данной группе ЛП.

Был проведен маркетинговый анализ данных, полученных от участников фармацевтического рынка (розничное и оптовое звено) Дальневосточного федерального округа Российской Федерации (ДВФО РФ) за 2009 – 2013 года. А также анализ реализации ЛП по количеству проданных упаковок.

Оригинальными препаратами Фроватриптана и Наратриптана являются Фровамигран таб. п/о 2,5 мг №2 (производства «Берлин-Хеми/Менарини Фарма ГмбХ», Германия) и Нарамиг таб. п/об 2,5 мг №2 (производства «ГлаксоСмитКляйн Трейдинг» ЗАО, Великобритания/Польша), но на фармацевтическом рынке ДВФО РФ они не представлены. Оригинальный препарат Элетриптана - Релпакс таб. п/о 40 мг №2 (производства «Пфайзер Мэнюфэкчуринг Дойчленд ГмбХ», Германия) за изучаемый период показал прирост продаж на 280%. Золмитриптан представлен двумя оригинальными препаратами Зомиг таб. п/о 2,5 мг №3 (производства «АстраЗенека ЮК Лтд», Великобритания) и Зомиг РАПИМЕЛТ таб. п/о 2,5 мг № 2 (производства «АстраЗенека ЮК Лимитед», США / Великобритания). До 2012 года регистрировались продажи лекарственного препарата Зомиг таб. п/о 2,5 мг №3, а в 2013 году не было реализовано ни одной упаковки. При этом с конца 2011 года начались продажи препарата Зомиг РАПИМЕЛТ таб. п/о 2,5 мг № 2, который представляет собой тот же Золмитриптан, но его производство осуществляет другая дочерняя компания «АстраЗенека». Суматриптан представлен оригинальным препаратом (с различными формами выпуска): Имигран таб. 50 мг №2; Имигран таб. 100 мг №2 (производства «ГлаксоСмитКляйн Фармасьютикалз С.А.» Польша); и Имигран спрей назальный 20мг/1 доза №1 (производства «ГлаксоСмитКляйн С.п.А.», Италия) - продажи с 2009 г. по 2013 г. увеличились на 42%; 870% и 160% соответственно. На сегодняшний день генерические ЛП, зарегистрированные в Российской Федерации, есть только у Суматриптана. В Государственном Реестре лекарственных средств по состоянию на 01.02.2014 года зарегистрировано 14 генерических препаратов. На фармацевтическом рынке ДВФО РФ присутствуют только 4 торговые наименования: Амигренин таб. 50 мг № 2 и 100 мг № 2 (производства ОАО "Верофарм" Россия); Сумамигрен таб. п/о 50 мг № 2, № 6 и 100 мг № 2, № 6 (производства Фармацевтический завод "Польфарма" АО, Польша); Суматриптан таб. 50 мг № 2 и 100 мг № 2 (производства «Канонфарма продакшн» ЗАО, Россия); Суматриптан-Тева таб. 50 мг № 2 и 100 мг № 2 (производства Фармацевтический завод «Тева Прайвэт Ко. Лтд.», Венгрия). Суматриптан (производства «Канонфарма продакшн» ЗАО, Россия) можно отнести к новинкам регионального фармацевтического рынка 2011 года; Суматриптан-Тева впервые заявил о себе в 2012 году, а Сумамигрен таб. 50 мг № 6 и 100 мг № 6 появился на рынке в 2013 году. Объем реализации ЛП Амигренин таб. 50 мг № 2 и 100 мг № 2 за исследуемый период увеличился на 429% и на 384% соответственно. Сумамигрен таб. 50 мг № 2 и таб. 100 мг № 2 –продажи увеличились на 854% и 653,5% соответственно. Оптимистичная картина складывается при анализе реализации Суматриптана таб. 50 мг № 2 (производства «Канонфарма продакшн» ЗАО, Россия) с 2011 года по 2013 год отмечается прирост продаж на 479%, Суматриптан таб. 100 мг № 2 (производства «Канонфарма продакшн» ЗАО, Россия) на рынке ДВФО РФ появился ближе к концу 2012 года, поэтому вывод об увеличении или снижении объема реализации пока делать рано. То же самое можно сказать и о движении лекарственного препарата Суматриптан-Тева таб. по 50 мг и 100 мг №2, потому что при сравнении неполного 2012 года и полного 2013 года прирост продаж составляет от 1415% до 2180%, что на сегодняшний день не стоит считать достоверным явлением.

На основании проведенного исследования можно сделать вывод, что пациенты страдающие мигренью, получили реальную возможность применять препараты, способные купировать приступ мигрени. Это отчетливо видно по оригинальным препаратам (Релпакс, Зомиг, Зомиг РА-ПИМЕЛТ, Имигран) – объем их реализации стабильно увеличивается, при этом лекарственные формы Имиграна плавно снижаются по стоимости. А также необходимо отметить постоянный прирост продаж генерических препаратов Суматриптана (Амигренин, Сумамигрен, Суматриптан-Тева, Суматриптан (производства «Канонфарма продакшн» ЗАО, Россия)), увеличение объема продаж отмечено от 381% до максимального (для Суматриптан-Тева) 2180%, что объясняется их оптимальной ценовой политикой, а также доверием пациентов к качеству данных лекарственных препаратов.

Нечепуренко И.А.
аспирант кафедры фармации Кубанского государственного медицинского университета
e-mail: nechepurenko.i@inbox.ru

ОСНОВОПОЛАГАЮЩИЕ ДОКУМЕНТЫ ДЛЯ РАЗРАБОТКИ СИСТЕМЫ МЕНЕДЖМЕНТА КАЧЕСТВА ФАРМАЦЕВТИЧЕСКОЙ ОРГАНИЗАЦИИ

В настоящее время повышение эффективности деятельности и обеспечение конкурентоспособности фармацевтической организации невозможно без учета требований к качеству оказываемой фармацевтической помощи.

Задача обеспечения качества оказываемых услуг может быть решена внедрением на предприятии системы менеджмента качества (СМК).

Рассматривая фармацевтическую организацию как объект внедрения СМК необходимо проанализировать нормативные документы, определяющие подходы к ее разработке.

В международной практике принята «система менеджмента качества», определенная стандартами серии ISO. Данные стандарты разработаны Международной организацией по стандартизации (International Organization for Standartization) и представляют собой стандартизованный набор требований по обеспечению управления качеством продукции и услуг. [1; 2]

В Российской Федерации на основе международных стандартов введены в действие следующие базовые национальные стандарты, определяющие положения по СМК:

- ГОСТ Р ИСО 9000-2008 «Системы менеджмента качества. Основные положения и словарь» (аналог международного стандарта ISO 9000:2005 «Quality management systems - Fundamentals and vocabulary»);

- ГОСТ Р ИСО 9001-2008 «Системы менеджмента качества. Требования» (стандарт соответствует международному стандарту ISO 9001:2008 «Quality management systems – Requirement»);

- ГОСТ Р ИСО 9004-2010 «Менеджмент для достижения устойчивого успеха организации. Подход на основе менеджмента качества» (данный стандарт аутентичен стандарту ISO 9004:2009 «Managing for the sustained success of an organization - A quality management approach»);

- ГОСТ Р ИСО 19011-2003 «Руководящие указания по аудиту систем менеджмента качества и/или систем экологического менеджмента» (документ подготовлен на основе международного стандарта ISO 19011).

Стандарты семейства ISO описывают основные положения и устанавливают терминологию и требования к СМК, содержат рекомендации по повышению её результативности и эффективности, включают указания по проведению аудита и предназначены для улучшения деятельности организации и повышения удовлетворенности потребителей. Требования к системам менеджмента качества, установленные в стандартах ИСО, носят универсальный характер, не имеют отраслевой привязки и применимы организациями в любых отраслях промышленности и экономики. Применение положений данных стандартов на национальном уроне носит в настоящий момент рекомендательный характер. [1; 2; 3]

При разработке СМК фармацевтической организации необходимо помнить, что в международной практике применительно к фармацевтической отрасли работает также система правил обеспечения качества, эффективности и безопасности лекарственных средств – GXP. Последняя включает в себя следующую группу стандартов: GLP (надлежащей лабораторной практике); GCP (надлежащей практике клинических испытаний); GMP (надлежащей производственной практике); GDP (надлежащей дистрибьюторской практике); GPP (надлежащей аптечной практике); GSP (надлежащей практике хранения медикаментов). Вышеприведенные стандарты разрабатываются Всемирной организацией здравоохранения (WHO), обязательность их использования определяется на национальном уровне, по решению каждого государства – члена ВОЗ. [1; 4]

В части обязательности действия аналогичных стандартов, устанавливающих правила обращения лекарственных средств, как в международной, так и отечественной практике, дело обстоит иначе, чем со стандартами серии ISO. Так, например, в России обязательным условием получения лицензии на производство лекарственных средств является соблюдение правил организации производства и контроля качества лекарственных средств (GMP). [4]

Требования к организации производства и контроля качества лекарственных средств в настоящее время введены Национальным стандартом ГОСТ Р 52249-2009 «Правила производства и контроля качества лекарственных средств», который идентичен Правилам производства лекарственных средств Европейского Союза (EC Guide to Good Manufacturing Practice for Medicinal Products). С 1 января 1014 года соблюдение требований данного стандарта с позиции Федерального закона от 12.04.2010 г. № 61-ФЗ «Об обращении лекарственных средств» является обязательным для предприятий-производителей.

Сложнее обстоит дело с предприятиями оптовой торговли лекарственными средствами и аптечными организациями. Соблюдение правил оптовой торговли и правил отпуска лекарственных средств для них является обязательной нормой и с позиции Федерального закона «Об обращении лекарственных средств», и с позиции Постановления Правительства РФ «О лицензировании фармацевтической деятельности».

В тоже время, в России в настоящее время отсутствуют национальные стандарты по правилам оптовой и розничной торговли лекарственными средствами, соответствующие по уровню требований таким международным стандартам, как GDP, GPP и GSP. Действующими же нормативными документами, регулирующими правила оптовой и розничной торговли, либо не установлены требования к системе обеспечения качества, либо установленные являются морально устаревшими и неоднозначными, даже с позиции отечественного законодательства в сфере обращения лекарственных средств. Так, с момента признания утратившим силу ОСТ 91500.05.0007-2003 «Правила отпуска (реализации) лекарственных средств в аптечных организациях. Основные Положения» в отношении аптечной организации отсутствует требование об обязательности формирования системы обеспечения качества.

В части, в которой ситуация касается подхода к формированию СМК организаций оптовой торговли лекарственными средствами, сложность заключается в следующем: в отношении правил оптовой торговли действующим является Приказ Минздравсоцразвития РФ от 28.12.10 г. № 1222н «Об утверждении правил оптовой торговли лекарственными средствами для медицинского применения». В данном приказе никаким образом не определены требования к системе обеспечения качества организации оптовой торговли лекарственными средствами и положения данного приказа не отражают требования GDP. В тоже время, существуют методические рекомендации, утвержденные Росздравнадзором от 27.10.2009 г., вводящие «Руководство по надлежащей практике оптовой реализации лекарственных препаратов для медицинского применения». Руководство соответствует документу «Rules Governing Medicinal Products in European Union. Volume 1. EU Guidelines on Good Distribution Practice of Medicinal Products for Human Use» («Правила, регулирующие лекарственные средства в Европейском Союзе. Том 1. Правила ЕС по надлежащей практике дистрибуции лекарственных средств для человека»). В Руководстве определена необходимость разработки системы обеспечения качества, поддержания ее в функционирующем состоянии, введения должности уполномоченного по качеству, приведены основные требования GDP. Однако, данные методические рекомендации, помимо того, что носят рекомендательный характер, являются модифицированным вариантом GDP и содержат требования устаревших нормативных документов Российской Федерации. Соответственно, в этой части, методические рекомендации в настоящее время утратили актуальность.

Здесь необходимо также обратить внимание на вводимые термины «система менеджмента качества», «система обеспечения качества» и «обеспечение качества». Согласно «Руководству по надлежащей практике оптовой реализации лекарственных препаратов для медицинского применения» обеспечение качества – это «совокупность всех организационных мероприятий, направленных на обеспечение того, чтобы вся продукция имела качество, необходимое для их предполагаемого применения, а все системы качества поддерживались в рабочем состоянии». При этом, в соответствии с ГОСТ Р ИСО 9000-2008 «Системы менеджмента качества. Основные положения и словарь», «обеспечение качества (quality assurance) - часть менеджмента качества, направленная на создание уверенности, что требования к качеству будут выполнены». Исходя из того, что более емким понятием является «система менеджмента качества», в качестве ключевого элемента которой рассматривается «обеспечение качества» продукции, работ и услуг, наиболее целесообразным представляется следующий вариант разработки подхода к СМК фармацевтической организации:

1. СМК формируется в соответствии с положениями национальных стандартов серии ИСО;

2. При разработке и установлении требований к обеспечению качества процессов приемки, хранения, реализации и отпуска лекарственных средств и качеству лекарственных средств, следует руководствоваться положениями:

- Федерального закона от 12.04.2010 г. № 61-ФЗ «Об обращении лекарственных средств»;
- Постановления Правительства РФ от 22.12.2011 г. № 1081 «О лицензировании фармацевтической деятельности»;
- Приказа Минздравсоцразвития РФ от 28.12.2010 г. № 1222н «Об утверждении правил оптовой торговли лекарственными средствами для медицинского применения»;
- Приказа Минздравсоцразвития РФ от 23.08.2010 г. № 706н «Об утверждении Правил хранения лекарственных средств»;
- Приказа Минздравсоцразвития РФ от 14.12.2005 г. № 785 «О порядке отпуска лекарственных средств»;
- Приказа МЗ РФ № 214 от 16.10.1997 г. «О контроле качества лекарственных средств в аптеках»

и других нормативных документов, регламентирующих вышеуказанные процессы с учетом специфики деятельности фармацевтической организации, а также положениями GDP и GPP (до ведения в действие соответствующих национальных стандартов).

Литература

1. Грачева С. Система менеджмента качества: аптека для покупателя // Фармацевтическое обозрение. – 2006. - № 11. - URL: http://rudoctor.net/medicine/bz-fw/med-wmdun.htm (дата обращения: 12.03.2014).

2. Пигарева Е. Современная концепция менеджмента качества аптечной организации // Московские аптеки. -2007. - № 11. - URL: http://nvkzapteki.ru/146-sovremennaya-koncepciya-menedzhmenta-kachestva-aptechnoy-organizacii.html (дата обращения: 12.03.2014).

3. Князюк Н.Р., Кицул И.С. Правовой контекст системы менеджмента ккачества в медицинской организации // Менеджер здравоохранения. – 2011. - № 10. - URL: http://www.idmz.ru/idmz_site.nsf/pages/mz2011_10.htm (дата обращения: 13.03.2014).

4. Сударев И.В., Гандель В.Г. Назад в будущее: прививается ли философия правильного производства в России // Ремедиум. – 2009. - № 2. - URL: http://remedium-journal.ru/arhiv/detail.php?ID=23227 (дата обращения: 04.04.2014).

Фисенко М.И.
старший научный сотрудник УАФО ДВО РАН.
mihail_fisenko@ mail.ru

ВЗАИМОДЕЙСТВИЕ СОЛИТОНОВ КАК ПРИЧИНА ВОЗНИКНОВЕНИЯ СОЛНЕЧНОЙ ВСПЫШКИ

В настоящее время существует острая полемика вокруг наблюдательных результатов , касающихся длиннопериодических колебаний на солнце, имеются ввиду периоды больше известных 5-минутных колебаний. Эти результаты представляют значительный интерес для теории внутреннего строения солнца, о чем в литературе неоднократно указывалось , однако проведенные в этом направлении эксперименты пока еще не дают уверенного ответа, солнечные это колебания , или же они обусловлены помехами со стороны земной атмосферы. Это связано с тем , что каждый род проводимых нами измерений включает в себя помехи со стороны земной атмосферы - яркостные или температурные измерения восприимчивы к флуктуациям прозрачности ; измерения диаметра и лучевой скорости чувствительны к флуктуациям дифференциальной рефракции. Эти аргументы приводят в своей работе группа авторов - G.Grec, E.Fossat, P.Brandt, F.L.Deubner [1].Они же приводят спектр атмосферных шумов, обусловленных вариациями прозрачности атмосферы в диапазоне периодов от 5 до 60 минут.Вариации прозрачности по измерениям этих авторов лежат в пределах от 0.73% до 28.63% яркости в центре солнечного диска , первое значение соответствует ясному небу, а второе циррусам. Однако , как указывают авторы, сама методика проведенных ими наблюдений была построена так, что солнце использовалось как источник света и каждое изменение сигнала от солнца считалось атмосферным шумом.

 Работа T.M.Brown , где чувствительность эксперимента была на порядок больше,чем у авторов отрицательных экспериментов($\sim 3 \times 10^{-5}$ T$\odot$) показала начие колебаний в диапазоне от 0.3 до 2.1 мГц с амплитудой порядка 10^{-3} интенсивности в центре солнечного диска , которые соответствуют наблюдениям солнечного диаметра [2].Причем T.M.Brown показано , что амплитуда колебаний падает к краю, т.е. вклад в амплитуду колебаний оптически тонких слоев мал , таким образом эти колебания могут быть глобальными. Основываясь на работе T.M.Brown , на наш взгляд , целесообразна попытка поиска подобных колебаний в глобальном потоке солнца , как звезды , и возможную связь колебаний с явлениями солнечной активности.

Наблюдения проведены на горизонтальном солнечном телескопе АЦУ –5 в параллельном пучке в период с 1980 по 1984 г.г., длина волны максимальной чувствительности приемника излучения 1.6мкм. Для наблюдений на длинах волн меньше 5 мкм можно использовать обычный телескоп.

Укажем, что при измерениях был использован компенсационный метод. Выбранный режим измерений позволил уверенно выделять компоненту в ближней ИК области солнечного спектра, связанную с активными процессами в солнечной атмосфере. Наблюдения проведены с постоянной времени 1 сек., поэтому разрешить более тонкую временную структуру процессов мы не могли и усиление системы было избыточным, поскольку во время вспышек в H $_a$ приходилось загрублять пределы измерений. При такой методике наблюдений сигналы связанные с солнечной активностью хорошо выявляются без какой-либо предварительной обработки записей.

Наблюдения проводились в широкой полосе и в области длин волн более 1 мкм. Калибровка проводилась по центру солнца в фокусе Ньютона серым клином и набором калиброванных диафрагм.

Абсолютный поток определялся из известного распределения энергии в непрерывном спектре солнца по данным Лабса и Неккела [3].

В таком случае поток на приемнике определяется сверткой известного распределения энергии в спектре солнца F_λ в полосе чувствительности приемника и относительной спектральной характеристикой чувствительности приемника S $_{отнλ}$:

$$F = \int\limits_0^\infty F_\lambda \, S_{отнλ} \, dл.$$

Методика наблюдений.

В наблюдениях был применен нулевой метод измерений(компенсационный метод измерений), в котором на нулевой прибор воздействует сигнал, пропорциональный разности измеряемой и известных величин, причем эту разность доводят до нуля. Всего нам удалось отнаблюдать в течение 76 дней, за это время было обнаружено около 50 процессов связанных с солнечными вспышками. К ним относятся волновые процессы, ударные волны, солитоны и бризеры. В данном сообщение приведен пример наблюденного нами процесса.

На Рис.1 – Взаимодействие двух солитонов с различными амплитудами, связанное с субвспышкой SN за 19.12.1980 г. Координаты вспышки N 07, W19. Начало $02^h 10^m$, конец $02^h 18^m$ UT. На графике по оси ординат отложена плотность потока – вт/м^2 гц, по оси абсцисс – мировое время. Вертикальный штрих обозначает начало вспышки. Начальный момент на графике $02^h 05^m 36^s$. Длительность области взаимодействия солитонов -150 сек., гармоники квазигармонического излучения имели длительность 120 сек. Выделяется гармоника и 300 сек.Максимальная амплитуда 0.651 мвт/м^{2}мкм.

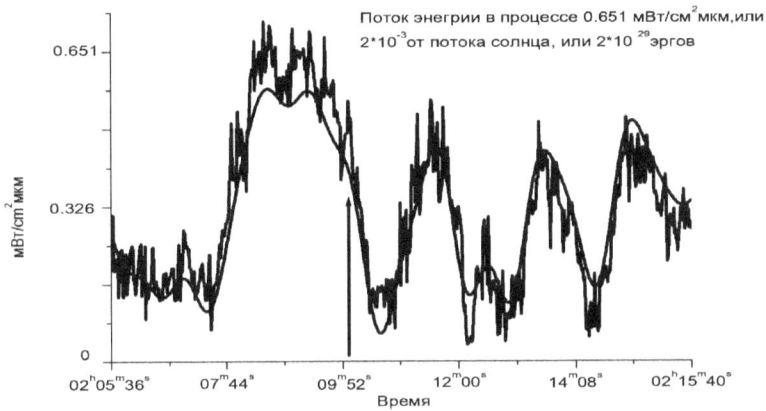

Рис.1

В численном эксперименте с применением ЭВМ , выполненным в 1965 Г.М.Крускалом И. М.Забуски, было исследовано "столкновение" двух солитонов с разными амплитудами, когда быстрый солитон обгоняет медленный[4].Оказалось, что по мере сближения в результате взаимодействия солитоны начинают обмениваться амплитудами и скоростями. После столкновения возникают точно такие же по форме солитоны, что и до столкновения. Еще более сложно протекает процесс взаимодействия двух солитонов с близкими амплитудами. В этом случае одиночный пик не образуется и один солитон как бы перетекает в другой. При взаимодействии солитоны приобретают фазовый сдвиг[5]. И так , критерий, разделяющий типы взаимодействия , есть граничное отношение амплитуд солитонов, которое является функцией амплитуды амплитуды большого солитона. Если этот параметр не превышает критического значения (большая разница в амплитудах), то взаимодействие солитонов происходит без образования провала-процесс обгона.Если же, амплитуды близки(параметр больше критического), то в момент столкновения на фоне большой волны возникает провал-только обменное взаимодействие [6].

"Классические"солитоны, Кортевега – де Вриза, Шредингера и другие, не сливаются, а только подходят друг к другу на некоторое расстояние, как бы обмениваются импульсами , и затем расходятся, претерпевая временную задержку(или ускорение), называемое сдвигом фазы, но в итоге классические" солитоны не изменяются.В нашем случае при взаимодействии солитоны изменяются, к ним присоединяется квазигармонические волны. Точно определить продолжительность взаимодействия не представляется возможность, можно лишь сказать , что оно пропорционально ширине взаимодействующих солитонов. Вид солитонов показывает, что в результате столкновения параметры вторичных солитонов изменяются, они теряют часть энергии, которая реализуется в квазигармоническое излучение. Вспышка возникла на склоне второго солитона.

Литература

1.Grec G.,Fossat E.,Brandt P.,Deubner F.L.Solar Pulsations and Angular Coheerence of Atmospheric Transparency Fluctuations // Astronomy and astrophysics. 1979. V .77. №3.P.347-350.

2.Brown Timothy M. Observed brightness oscillations at the solar limb // The Astrophysical journal. 1979. V.230. №1. Part 1.P.255-260.

3.Поток энергии солнца и его изменения, под. редакцией О.Уайта .Издательство Мир,Москва,1980 г.

4. Е.Н.Пелиновский,А.В.Сюняев. Генерация и взаимодействие солитонов большой амплитуды.Письма в ЖЭТФ,том.67,вып.9,стр.628-633.1998г.10мая.

5. А.В.Сюняев, Е.Н.Пелиновский. Динамика солитонов большой амплитуды.
ЖЭТФ, 1999, том 116,вып.1(7),стр.318-335.

6.В.И.Ерофеев, В.В.Катаев, И.С.Павлов.
Неупругое взаимодействие и расщепление солитонов деформации, Распространяющихся в зернистой среде.
Вычислительная механика сплошных сред.-2013.-Т.6, №2.- С.140-150.

Карандеева Л.Г.
кандидат филологических наук, доцент,
Московский городской педагогический университет
Артёмова Т.В.
студентка 5 курса, Московский городской педагогический университет

ЯЗЫКОВЫЕ ОСОБЕННОСТИ ДИРЕКТИВНЫХ ИЛЛОКУТИВОВ (НА МАТЕРИАЛЕ ЗВУЧАЩЕЙ НЕМЕЦКОЙ РЕЧИ)

Смыслоразличительная роль языковых средств является неотъемлемым элементом дискурса. Дискурсивная деятельность понимается как устная коммуникация, обладающая наиболее полным набором характеристик для всестороннего анализа лингвистических явлений в их связи с национально-культурной принадлежностью говорящих; их коммуникативными интенциями; перлокутивным эффектом речевого действия, реализованного в определенной ситуации.

В каждом культурно-языковом ареале существует ограниченный набор конвенционально закреплённых стереотипов, затрагивающих все ярусы языковой системы и реализующихся в процессе коммуникации в виде речевых актов (далее – РА). Не подлежит сомнению тот факт, что коммуникативные нормы поведения, характерные для одной культуры, могут являться несвойственными, неприемлемыми или неэффективными для другой. Это в полной мере относится и к использованию директивных высказываний – одному из наиболее употребляемых в повседневном общении типов РА в любой культуре. Выявление типичных для немецкоязычной культуры ситуативных условий реализации директивных иллокутивов и их языковых особенностей объясняется необходимостью обеспечения успешного процесса межнационального речевого взаимодействия.

Директивы представляют собой авторитарный вид побуждений и представлены такими формами РА, как *приказы, распоряжения, завещания, предписания, повеления* и т.д. [7, 364]. В задачу директивного действия входит стремление изменить сознание партнера по коммуникации на ближайшую или отдаленную перспективу, побудить его к активности. Обязательность исполнения директивов является ингерентным признаком иллокутивов данной группы. Интенсивность воздействия зависит от ситуативных факторов коммуникации и демонстрирует степень категоричности директива. Данный критерий указывает как на различия в иллокутивной силе субклассов, находящихся в одной типологической группе (в настоящей статье по степени возрастания категоричности выделяются такие ядерные типы директива, как *указание, требование, приказ*), так и на дифференциацию в рамках определённой разновидности директива по признаку *более / менее категоричный*. Форма речевого воздействия, интегрируемая в смысловое содержание высказывания, и определяет характер общего взаимодействия партнеров.

Основными ситуативными факторами, детерминирующими выбор вербально-просодической формы выражения директивной интенции, являются сфера общения, характер взаимоотношений между коммуникантами и их отношение к действию (степень заинтересованности прескриптора в выполнении действия и учитываемое им желание / нежелание исполнителя осуществить данное действие).

УКАЗАНИЕ (ANWEISUNG)

Anweisen – предписывать, приказывать, поучать, давать указания [6, 202].

Указание – облигаторное действие, обязательность которого определяется либо договором между коммуникантами, либо ситуацией общения, в которой говорящий выступает в качестве прескриптора. Цель *указаний* заключается в том, чтобы регулировать нормы поведения лиц, принадлежащих к определённой социальной или служебной категории. Любое лицо, выступая в определенной социальной роли, обязано следовать определённым нормам, их несоблюдение наказуемо.

Естественной областью функционирования *указаний* является официально-деловая сфера, так как в ней иерархия коммуникантов носит ярко выраженный характер, узаконенный служебными отношениями. Поведение коммуникантов в этой сфере регламентировано правилами, распространяющимися и на форму речевого общения. Социально-психологические отношения при этом, как правило, дистантные.

Известно, что в немецкоязычном ареале стараются избегать конфронтации в целях гармонизации отношений между членами общества, поэтому поведение говорящего и слушающего в коммуникативной ситуации с такими параметрами требует формального соблюдения приличий и сдержанности.

Виды действий, которые обязан выполнить слушающий при *указаниях*, определяются трудовым договором. При этом говорящий может использовать как вежливую (менее категоричную) форму, например: «Ich hätte gern nähere Auskünfte, Frau Huber», так и более категоричную форму – «Diesen Brief dreimal abschreiben!».

Следует отметить, что прямой императив употребляется в немецком языке для выражения указаний довольно редко, даже если они носят более категоричный характер. Для передачи семантики указания более употребительны высказывания с модальными глаголами со значением долженствования (Sie müssen da eine Woche lang bleiben), повествовательные предложения с глаголами в настоящем времени (Herr N., Sie fahren heute nach Düsseldorf), конструкции с глаголами в сослагательном наклонении (Man nehme täglich eine Tablette).

Повышенная степень категоричности, как показывают экспериментальные данные [3], передаётся в основном просодическими компонентами: перепадами частоты основного тона в конце фонации, используемыми говорящим с целью демонстрации высокой степени необходимости и точности исполнения задания; рассогласованием мелодики и громкости в начальной фазе фонации (мелодическая монотонность / восходяще-нисходящее движение интенсивности); контрастное понижение громкости и темпа на главноударном слоге, несущем основную смысловую нагрузку, что создаёт ощущение непререкаемости, высокой степени необходимости выполнения данного действия.

Степень интенсивности воздействия зависит от заинтересованности говорящего в осуществлении действия и такого фактора, как отношение собеседника к действию, влияющего на оформление высказывания опосредованным путём: учитываемое желание / нежелание адресата выполнить действие заставляет говорящего соответственно увеличивать или уменьшать интенсивность побуждения к действию. Важным моментом является также эмоциональное состояние последнего.

В директивных диалогических единствах усиление воздействия обычно заканчивается согласием выполнить действие. Дальнейший отказ слушающего подчиниться воле говорящего приводит к конфликту.

В ситуации бытового общения поведение говорящего в целом можно сравнить с поведением, характерным при обращении к нижестоящим. Просодическая модель указания в сфере бытового общения характеризуется мелодической монотонностью и сдержанной громкостью, коррелирующими с контрастной ритмикой, что передает ощущение уверенности и безапелляционности формулируемого указания и может рассматриваться в качестве одного из приёмов, направленных на усиление воздействия.

Таким образом, вербальная часть указаний зависит от конкретной ситуации общения и предполагает более высокий ситуативный статус говорящего по отношению к слушающему. В целом речевые действия данного типа характеризуются развёрнутым объяснением порядка выполнения действия. Клишированные фразы встречаются редко, текст часто содержит перечисление: "erstens…", "zweitens…" .

ТРЕБОВАНИЕ (FORDERUNG):

"Fordern – ausdrückl. strenger Wunsch, Verlangen; Anspruch" [6, 495].

Под *требованием* понимается выраженное в решительной, категоричной форме желание того, что должно быть выполнено.

Требование – вид директивов, основанный на прагматической пресуппозиции нежелания адресата выполнить каузируемое действие. В одних случаях это нежелание обусловлено психологическим состоянием адресата, в других – непризнанием приоритетности положения говорящего.

Одной из отличительных особенностей *требования* является его "стратегичность". В этой связи следует отметить, что директивные РА в силу облигаторного характера в основном не являются стратегическими по своей природе, так как их употребление основано на различии в социальном / ситуативном статусе партнёров по коммуникации. В соответствии с этим они сами по себе обладают волевым потенциалом, необходимым для совершения адресатом инициируемого действия, и в применении каких-либо тактик не нуждаются. Исключение составляет один вид директивов, а именно *требование,* для эффективной реализации которого говорящий часто прибегает к разного рода тактикам (среди которых преобладает тактика угрозы, выраженная вербально или невербально), особенно если речь идёт о постоянном выполнении слушающим какого-либо определённого требования, например, регулярного посещения занятий, соблюдения каких-либо договоренностей и т.п. Очевидно, именно постоянная актуальность требования, основанная, как правило, на неких социальных правилах, нравственных принципах, ведет к их нарушению, а следовательно, и к постоянному воспроизводству.

Для требования, реализуемого в официально-деловой сфере, характерно то, что говорящий на основе действующих законодательных предписаний имеет право требовать совершения от слушающего определённого действия (Die Papiere, bitte! Bleiben Sie bitte hier! Diesen Punkt sollen Sie mit Unterlagen beweisen nicht mit Worten).

Требование может также опираться и на морально-этические нормы или некие правила поведения в обществе. При этом большое значение имеет убежденность говорящего в правомерности своих притязаний. Необходимость соответствия нормам поведения и определяет категоричность данного вида директива.

В сфере бытового общения основой неравенства коммуникантов, необходимой для РА требования, могут служить семейная иерархия, какая-либо зависимость и т.п.

Выбор вербальных форм выражения *требования* зависит от сферы их употребления. Так, в ситуации непринужденного общения, например в общении с детьми, используются прямые побуждения как в более, так и в менее категоричной, «вежливой» форме – " Lüg nicht!", "Erklär mir bitte, warum du die Schule schwänzt", а также косвенные, среди которых встречаются вопросительные конструкции или высказывания в форме угрозы – "wenn...", "dann...". В ситуации официального общения часто встречается использование перформатива, свидетельствующее о том, что говорящему важно, чтобы данный вид директива был воспринят именно как требование – "Ich fordere Sie ...auf"; глаголов со значением долженствования – "Diesen Punkt sollen Sie mit Unterlagen beweisen nicht mit Worten".

Экспериментальные данные показывают, что просодическими средствами выражения требования в официально-деловой сфере чаще всего служат: 1) восходящая мелодика в финале фраз, создающая эффект категоричного воздействия и свидетельствующая иногда о наличии скрытой угрозы в виде наложения штрафных санкций в случае невыполнения действия; 2) повышенный уровень громкости в начальной и финальной зонах, формируемое при этом напряжение сохраняется на протяжении всего высказывания; 3) равномерно-средний темп фонации со значительным возрастанием признака длительности в конце высказывания. Корреляция указанных просодических характеристик создает при восприятии официального требования эффект «чеканности» речи, отражающий повышенную степень категоричности этой разновидности директивного иллокутива.

Просодическая модель требования в бытовой сфере характеризуется высокой степенью вариативности тона, связанной с ситуативными условиями реализации (конфликт, отсутствие взаимопонимания и стремления к сотрудничеству с целью преодоления конфликта); общей тональностью выше среднего уровня, что, в свою очередь, обусловлено повышенной эмоциональной окраской высказываний; контрастными перепадами уровня громкости, достигающего максимума на главноударном слоге. С помощью таких перепадов говорящий увеличивает «речевое давление» на слушающего. К значимым факторам следует отнести и периодическое контрастирование тонально-динамических корреляций: рассогласование мелодики и громкости в начальном слоге предтакта и предударном слоге (асимметричное повышение и понижение признаковых параметров), а также низкий уровень громкости в начале и конце фонации в сочетании со средними тонами придают требованию дополнительный угрожающий оттенок. Длительность слогов возрастает к финалу высказывания, причём это увеличение носит ярко выраженный ступенчатый характер. Темп фонационного завершения ниже начального уровня в два раза.

Таким образом, представляется возможным утверждать, что как прямые, так и обратные корреляции просодических параметров являются значимыми факторами в формировании высоко категоричного директива, а именно РА требования с оттенками угрозы. В своей совокупности они определяют силу воздействия на слушателя.

ПРИКАЗ (BEFEHL)

"Befehl – bindender Auftrag, bes. von Vorgesetzten, strenges Gebot" [6, 259].

Данный тип директивного РА, очевидно, ассоциируется с конкретными ситуациями, имеющими место в определённых институциональных сферах, связанных с отношениями субординации. Например: Antworten Sie gefälligst! – приказ, часто используемый в таких государственных учреждениях, как полиция, суд, таможня и т. п. Rührt euch! – команда, принятая в армейской и спортивной сферах.

Так, Г. Хинделанг [цит. по: 1, 117] понимает под приказом исключительно побуждения, используемые в армии старшим по званию при обращении к подчинённому. Военная субординация рассматривается им как одна из наиболее характерных форм подчинения личности государственным правовым нормам. Следует отметить, что сферой употребления приказов являются также чрезвычайные ситуации. Например, при пожаре во время скопления людей отдается приказ – "Zur Seite treten!". Причины и мотивы приказа, как правило, не излагаются, поскольку использование приказа не предполагает обращения к равным по статусу. Приказы однозначны, условия их выполнения не обсуждаются, отказ от выполнения равносилен оспариванию статуса говорящего и собственного статуса исполнителя.

В сфере бытового общения при асимметричных отношениях с наличием социально-психологической дистанции функционирование РА приказа в ходе проведения исследования отмечено не было. При близких отношениях в данной сфере в неконфликтных ситуациях РА приказа также достаточно редкое явление. Использование приказа в сфере непринуждённого общения демонстрирует позицию грубого доминирования и определяется как невежливое поведение [4, 81], «немотивированная грубость» [5, 196]: «Hau ab!», «Weg da!» и т.д.

В связи с тенденцией обществ западного типа к демократизации межличностных отношений на бытовом уровне, РА приказа заменяется РА просьбы, то есть за слушающим признаётся право выполнения или невыполнения действия. В конфликтных же ситуациях чаще всего фигурирует не приказ, а требование. Это происходит в случаях, отмеченных важностью каузируемого действия для говорящего и его напряжённым эмоциональным состоянием.

Приказы в высокой степени категоричны, кратки, как правило, клишированы, что в значительной степени повышает их иллокутивный потенциал и отвечает следующей основной тенденции: чем более категорично побуждение, тем большей степенью клишированности оно обладает. При оформлении приказа повелительное наклонение является ведущим языковым средством. Наиболее стабильными фонетическими средствами выражения приказа в речи являются акцентная выделенность и громкость.

Таким образом, директивный РА в немецком языке представляет собой вербально-просодический коррелят, в котором наиболее подвижным компонентом является просодия. Являясь составляющими директивных РА, лексические, грамматические и фонетические компоненты в разной степени формируют прагматическую направленность данных высказываний и их эмоционально-модальные оттенки.

Взаимодействие формального синтаксиса и просодии в процессуальной структуре немецкого директива может быть описано в терминах положительной (однонаправленное и взаимодополняющее взаимодействие) и отрицательной (конфликтное и разнонаправленное взаимодействие) корреляции. Динамика их взаимодействия заключается в перераспределении функциональных «обязанностей»: диффузность синтаксической структурации активизирует сегментирующие возможности просодии, реализация которых способствует усилению деструктурирующих тенденций в устном синтаксисе, частично нейтрализуемых интеграционными процессами на просодическом уровне. Просодический компонент в большинстве случаев выступает активным маркером стилистики и прагматики немецкого директива, обеспечивая успех коммуникативного взаимодействия.

В результате проведённого исследования было установлено, что языковое оформление директивных РА в современном немецком языке, будучи подчинено семантическому и прагматическому заданию того или иного высказывания, включает всю совокупность экстралингвистических условий.

Данное исследование намечает перспективы дальнейшего изучения особенностей вербально-просодической реализации директивного речевого воздействия, в частности, способов передачи директивной интенции с помощью языковых средств в сопоставительном аспекте на материале различных языков.

Литература

1. Блинушова Г. Е. Взаимодействие вербальных и невербальных факторов при реализации побуждения в современном немецком языке: дис. ... канд. филол. наук: 10.02.04. – М., 1994. – 157 с.

2. Григорьев Е. И. Прагматический аспект речевой просодии (экспериментально-фонетическое исследование на материале современного немецкого языка): автореф. дис. ... докт. филол. наук: 10.02.04. – М., 1996. – 50 с.

3. Карандеева Л. Г. Ситуативно обусловленная вариативность просодических характеристик директивных иллокутивов (экспериментально-фонетическое исследование на материале современного немецкого языка): дис. ... канд. филол. наук: 10.02.04. – Тамбов, 2006. – 201 с.

4. Карасик В. И. Язык социального статуса. – М.: Ин-т языкознания РАН, 1992. – 330 с.

5.   Kasper G. Linguistic Politeness: Current Research Issues // Journal of Pragmatics 14. – 1990. – № 2. – P. 193–218.

6.   Wahrig G. Deutsches Wörterbuch. – Bertelsmann Lexikon Verlag, Gmbh, Gütersloh, 1997. – 1420 S.

Vakulenko M.O.

PhD, Senior Researcher, Ukrainian Lingua-Information Fund, Kiev, Ukraine

maxvakul@yahoo.com

UKRAINIAN AND EASTERN-SLAVONIC NAMES IN THE LATIN SCRIPT: SIMPLE-CORRESPONDENT TRANSLITERATION

In the 19th century, the British linguist Richard Lepsius wrote about need to create a universal transliteration system [Lepsius 1863]. Transliteration relates to letters belonging to different graphical systems, and under this conversion no shift to another language takes place. Jurij Maslov emphasized that scholar transliteration relies on the principle of simple correspondence between initial graphemes and transliterated signs that is crucial for reverse transliteration that preserves information [Maslov 2007, 284].

The simple-correspondent transliteration system of the Ukrainian Latinics (UL) being an international graphical representation of the Ukrainian language, as well as its extension for the Eastern-Slavonic Latinics including also Russian and Belarusian languages, together with the corresponding transliteration program, has been elaborated and proposed in a series of works [Vakulenko 1995; Vakulenko 1998; Vakulenko 2004; Vakulenko 2012a; Vakulenko, 2012b].

Table 1 presents the general (universal) Ukrainian Latinics using basical letters with the ASCII codes 0-127.

Table 1: General Ukrainian Latinics

A a – A a	Б б – B b	В в – V v	Г г – Gh gh	Ґ ґ – G g
Д д – D d	Е е – E e	Є є – Je je	Ж ж – Zh zh	З з – Z z
И и – Y y	І і – I I	Ї ї – Ji ji	Й й – J j *	К к – K k
Л л – L l	М м – M m	Н н – N n	О о – O o	П п – P p
Р р – R r	С с – S s	Т т – T t	У у – U u	Ф ф – F f
Х х – Kh kh	Ц ц – C c	Ч ч – Ch ch	Ш ш – Sh sh	Щ щ – Shh shh
Ю ю – Ju ju	Я я – Ja ja	Ь ь – J j **		

* at the end of word and before the consonants; ** following consonants

Its superstructure is available at the service *Google Code,* http://code.google.com/p/cyr2url/, and it is used in the Ukrainian online dictionaries (sum.in.ua, rymy.in.ua). However, this system is far from complete adoption and needs therefore wider promotion and publicizing.

The foreign words (proper names and certain terms) that remain inherent to the original language, are normally rendered on the basis of orthographic language interference, or orthographic transplantation [Superanskaja 1978, 25], e. g.: *Hercules Poirot (Fr.), Coulomb (Fr.), San José (Sp.), Gijón (Sp.), Ajax (Lat.), Volkswagen (Ger.), Katowice (Pol.), Jagr (Cz.), Sarajevo (Bosn.), Ljubljana (Slovin.),* etc. If the producing and recipient languages are based on different alphabetic systems, such transplantation is accompanied with underlineتِransliteration: *Beijing* (Chin.), *Hitachi* (Jap.), *Iraq* (Ar.), *Jerusalem* (Hebr.), etc. The grammar of English, French and other languages, the spelling of which are based on etymological grounds, shows high tolerance to foreign inclusions. In particular, the digraphs *kh, gh, zh*, that represent specific sounds in the foreign words *khan, kolkhoz, Afghanistan, Zhukov*, and others, have become familiar in the English texts. In the modern Italian alphabet, the letter *j* is not present – but the name of the famous football club "Juventus" keeps the authentic form.

"Squeezing" the given phonetic system into the Procrustean bed of another (different) one is impossible in principle. The English letter combination *ch*, for example, has itself various kinds of pronunciation in the words *Christy, Gallacher, Loch Ness, attach, check, Chicago.* Further, orientation at an alien language does not allow one to achieve exact correspondence between initial and final forms of a word. This is incompatible with the computer use and breaks down the original pronunciation. For example, the "simplified" (and incorrect) form "Kyiv" corresponds to 4 Cyrillic forms: К'їв/Киив/Кийв/Київ – with a rather queer pronunciation. The form *Cherniatskyi* "multiplies" the original Ukrainian name by the factor 16.

Neglecting the "ь" would make "equivalent" the Ukrainian names *Булькін* and *Булкін*, *Паньківська* and *Панківська*. The use of *ц* as *ts*, *щ* as *shch* (or *sch*) sweeps out the difference between *ц* and *тс*, *щ* and *шч* (or *сч*) and causes artificial "equivalence" of different names: *Левицький – Левитський, Тоцька – Тотська, Чернятський – Черняцький, Лященко (*from *"Лящ") – Ляшченко (*from *"Ляшко"), Сушченко (*from *"Сушко") – Сущенко (*from *"Сущий"),* etc. Rendering the yodated sounds through "i+vowel" makes it impossible to differentiate *Лялько* and *Ліалко* (*Lialko*), *Медіана* and *Медяна* (*Mediana*), *Возіанов* and *Возянов* (*Vozianov*), *Лар'їн* and *Ларін* (*Larin*), *Мар'ян* and *Маріан* (*Marian*), etc. Naturally, the rules of original spelling are violated as well. The person identification is then impossible within such systems, so the schemes of this kind are especially inconvenient for official and legal use (passports, documents, agreements, maps, etc.).

Artificially "multiple" names arise also as a result of transcription into several languages. So, the "English" *Шевчук* appears as *Shevchook / Shevchouk / Shevchuk / Shevchoock / Shevchouck / Shevchuck*, "French" as *Chevtchouc / Chevtchoucque*, and "German" as *Schewtschuk / Schewtschuck*.

Also, the use of such systems implicitly assumes "priority" of the foreign language rules, in contrast to Resolutions of the United Nations Organization: IV/20 (1982) – "On decreasing the number of exonyms" – and V/13 (1987) – "On priority of the national official forms of geographical names." Latinization of Ukrainian names in the "English" manner is often accompanied with their "russification": *Україна* – "Ukraina". So the drawbacks of English-oriented approach make it hardly acceptable for Ukrainian transliteration.

Ukraine remains the only Cyrillic-using country that, due to certain reasons, resides beyond the Interstate transliteration standard GOST 7.79-2000 "Rules of transliteration of Cyrillic script by Latin alphabet" where our propositions on the Eastern-Slavonic Latinics were taken into account. Absence of such standard being in effect in Ukraine, gives rise to certain difficulties in its international and computer communication (passports, documents, letters, agreements, certificates, library catalogues, geographical maps and other printed production, and e-mail, telegrams, sign-boards, various information banks, etc.).

So widespread adoption of Ukrainian Latinics that should be a base for spreading Ukrainian realities in foreign languages, is a question of international prestige of Ukraine.

Bibliography

LEPSIUS, C. R. (1863). *Standard Alphabet*. London, Williams Norgate.

MASLOV, Ju. S. (2007). *Vvedenie v jazykoznanie [Introduction to linguistics]*. Moscow, Academia ; Saint Petersburg, Filol. fak. SPbGU.

SUPERANSKAJA, A. V. (1978). Teoreticheskie osnovy prakticheskoj transkripcii [Theoretical backgrounds of practical transcription]. Moscow, Nauka.

VAKULENKO, M. O. (1995). "Ukrajinsjka latynka: vidtvorennja bez spotvorennja (Ukrainian Latinics: rendering without deshaping)." *Dopovidi ta povidomlennja Mizhnarodnoji naukovoji konferenciji "Vidtvorennja ukrajinsjkykh vlasnykh nazv (antroponimiv i toponimiv) inozemnymy movamy."* Kyjiv, 7-8 ghrudnja 1993 roku, 48-52. Kyjiv.

VAKULENKO, Maksym O. (1998). "Vostochnoslavjanskaja latinica v mezhdunarodnom kontekste [Eastern-Slavonic latinics in the international context]." *Slavia* R 67, 333-339.

VAKULENKO, M. (2004). "Simple-correspondent transliteration through a Slavonic Latin alphabet." *J. of Language and Ling. Studies* 3, Issue 2, 213-228.

VAKULENKO, M. O. (2012a). "O nauchnoj transliteracii ukrainskikh nazvanij (On scientific transliteration of Ukrainian names)." In *Slavjanskie jazyki i kuljtury v sovremennom mire : II Mezhdunarodnyj nauchnyj simpozium (Moskva, MGU imeni M. V. Lomonosova, filologicheskij fakuljtet, 21-24 marta 2012): Trudy i materialy. Arr. by O. V. Dedova, L. M. Zakharov, K. V. Lifanov; Chief ed. M. L. Remnjova*, 356-357. Moscow, Izd-vo Mosk. un-ta.

VAKULENKO, M. (2012b). "Pytannja kyrylychno-latynychnoji transliteraciji u konteksti systematyzaciji biblioghrafichnykh danykh [Questions of Cyrillic-Latinic transliteration in the context of bibliographic data systematization]." *Bibl. visnyk* 2, 15-21. Available at: http://www.nbuv.gov.ua/portal/Soc_Gum/Bib_Visnyk/2012-2/all.pdf#page=15.

Канторович Т.М.
магистр гуманитарных наук, ГрГУ им. Я. Купалы, Гродно, Беларусь

ПОЛИТКОРРЕКТНОСТЬ В АНГЛИЙСКОМ ЯЗЫКЕ

Язык связан с культурой, менталитетом и традициями людей на нем говорящих, поэтому многие процессы и явления, происходящие в обществе, находят свое отражение в системе языка. Английский язык - один из самых динамично развивающихся языков в мире, претерпевает значительные изменения, вызванные трансформациями в общественной сфере. Именно в мире английского языка зародилась и проявилась мощнейшая культурно-поведенческая и языковая тенденция, получившая название «Политическая корректность» (*Political correctness*). Как пишет С.Г. Тер-Минасова, «...эта тенденция родилась более 20 лет назад в связи с «восстанием» африканцев, возмущенных «расизмом английского языка» и потребовавших его «дерасиализации» - «*deracialization*» [5,215].

З.С. Трофимова полагает, что «...политическая корректность появилась в связи с возникновением идеи культурного плюрализма и вытекающей отсюда необходимости в соответствии с новой идеологией пропорционально представлять произведения литературы и искусства, достижения общественной и политической жизни, относящихся к представителям всех этнических и сексуальных меньшинств» [4,17].

Термин же «политическая корректность» был впервые предложен Карен де Кроу, президентом Американской национальной организации в защиту женщин (*National Organization for Women*). Авторитетный американский словарь *Merriam Webster Collegiate Dictionary* относит возникновение термина к 1983 году. С тех пор он получил широкое распространение сначала на территории американских колледжей и университетов, а вскоре стал активно использоваться во всех остальных сферах жизнедеятельности.

Большинство исследователей сходятся во мнении, что политкорректность «..выражается в стремлении найти новые способы языкового выражения взамен тех, которые задевают чувства и достоинство индивидуума, ущемляют его человеческие права привычной языковой бестактностью или прямолинейностью в отношении расовой и половой принадлежности, возраста, состояния здоровья, социального статуса, внешнего вида и т. п.». Существуют и более критические суждения по этому поводу. Д. Жуков полагает, что «Политкорректность - это полное отрицание различия внутренней природы людей, постепенно возведенное в незыблемый принцип. Но ведь равенство, по выражению крупнейшего традиционного философа 20 века Рене Генона, «...вообще невозможно, его не существует, хотя бы уже потому, что не может существовать двух совершенно одинаковых и, тем не менее, совершенно отличных друг от друга существ» [3,32]. А. Н. Моррис считает, что «политическая корректность - это ничто иное, как стремление сформировать у полноценной части населения комплекс вины перед рядом общественных категорий, которые издавна считались изгоями». Она высказывает опасение, что благодаря политкорректности «в некоторых европейских странах вообще скоро станет нетрадиционно быть традиционным, ведь это непозволительный моветон» [3,18].

Лингвисты склонны видеть в политической корректности и положительные стороны. Н.Г. Комлев, например, в «Словаре иностранных слов» дает следующее определение: «Политическая корректность - лозунг, демонстрирующий либеральную направленность современной американской политики. Политкорректность имеет дело не столько с содержанием, сколько с символическими образами и корректировкой языкового кода. Речь декорируется знаками антирасизма, экологизма, терпимого отношения к национальным и сексуальным меньшинствам, борьбы против СПИДа».

Понятие языкового кода было введено американскими социолингвистами в 1962 году. Р.Т. Белл считает, что «имеются нормы поведения, которым индивид должен в глазах окружающих в большей или меньшей степени следовать, причем некоторые из этих норм будут нормами языкового поведения - кодами соответствующего языка»[1,318]. Можно сделать вывод, что явление политической корректности связано с изменением норм языкового поведения в современном английском языке (не зря С.Г. Тер-Минасова предлагает заменить термин «политкорректность» словосочетание «языковой такт»). В основном это касается ограничений на употребление того или иного слова или выражения в определенной ситуации [5,217].

Политическая корректность является отличительной чертой именно английского языка. С.Г. Тер-Минасова считает, что «повышенная корректность английского языка, его вежливость и заботливое отношение к индивидууму» обусловлены следующими факторами:

1) высоким уровнем социальной культуры и хорошими традициями общественного поведения;

2) идеологией и менталитетом общества, провозгласившего культ отдельной личности;

3) коммерческим интересом к человеку, как к потенциальному клиенту [5,218].

Хотелось бы подробнее остановиться на последнем. В подавляющем большинстве случаев политическая корректность английского языка вызвана коммерческой заботой о человеке, на которого смотрят исключительно, как на клиента, покупателя, абонента, пассажира. И этого клиента ни в коем случае нельзя спугнуть, напротив, его нужно «заставить» сделать или купить то, что необходимо компании или магазину. Каждый, кто хоть раз был в Америке, знает, какого уровня достиг в этом вопросе английский язык, знает, как искусны в своем мастерстве улыбчивые и доброжелательные американцы.

Пытаясь привлечь внимание клиентов, для *horizontally challenged people* владельцы престижных магазинов придумывают политкорректные вывески: *BIB—Big is Beautiful* или *Renoir Collection.*

А разные виды транспорта делят на *1) first class*, 2) *business class* и 3) *economy class*, избегая при этом словосочетания «второй класс», ведь никому не хочется быть человеком второго класса или сорта.

Чтобы не «задеть» клиента, сегодня и телефонный тариф классифицируют на 1) *cheap*, 2) *standard* и *3) peak* вместо антонима слова cheap—expensive [дорогой], ведь это коммерчески некорректное слово— слишком прямолинейное.

Стиральные порошки и зубные щетки тоже продаются крайне деликатно. Первые делят на: *1) small, 2) medium* и вместо «пугающего» *large* используют слово *family*. Щетки: *for small teeth* и *for regular teeth*, т.к. больших зубов у носителей английского языка не бывает [2].

Таким образом, не только высокий уровень культуры и идеологические особенности англоязычного мира объясняют столь широкую распространенность исследуемого нами феномена: бизнесмены и предприниматели, изо всех сил старающиеся услужить своим клиентам, которые, кстати, всегда правы, тоже посодействовали повышению популярности политкорректности.

Литература

1. Белл, Р. Т. Социолингвистика / Р. Т. Белл. - М.: Международные отношения, 1980. - 318 с.

2. Кипрская, Е. В. Национально-специфические особенности политкорректной лексики / Е. В. Кипрская // Политкорректность. [Электронный ресурс]. - 2009. - Режим доступа: http://www.lingvomaster.ru/files/161.pd.d - Дата доступа: 23.03.2009.

3. Ляховская, Е. М., Английский язык и английская социокультура во второй половине XX века / Е. М. Ляховская // Вестник Московского университета. Сер. 19. - 2001. - № 1. - С. 30-55.

4. Моррис, Н. Страшная болезнь - политкорректность / Н. Моррис // Столичные новости. - 2003. - № 27. - С. 16-19.

5. Тер-Минасова, С. Г. Язык и межкультурная коммуникация / С. Г. Тер-Минасова. - М.: Слово, 2000. - С. 215-220.

Левина Л.Б.
к.ф.н., доцент кафедры филологии,
ФГАОУ ВПО Набережночелнинский институт (филиал)
Казанского (Приволжского) федерального университета,
Набережные Челны, Российская Федерация.

СРАВНИТЕЛЬНЫЙ АНАЛИЗ ВАЛЕНТНОСТНЫХ СВОЙСТВ ОБЪЕКТНО-СЕНТЕНЦИОНАЛЬНЫХ ГЛАГОЛОВ НА МАТЕРИАЛЕ АНГЛИЙСКОГО ЯЗЫКА

В основе понятия валентности лежит тот факт, что в природе каждого лингвистического элемента существует возможность или даже потребность вступать в отношения с другими элементами. Релевантной для настоящего исследования является левая и правая валентность,[1] основанием для выделения которой служит положение зависимого элемента относительно синтаксически ведущего, точнее - правая валентность, поскольку рассматриваются глагольно-объектные сочетания, а также одноместная и многоместная валентность, выделяемая в общепринятом толковании по количеству участников, количеству мест в предикате, а в предлагаемой работе - по количеству объектных позиций.

Данная работа посвящена анализу глаголов, сочетающихся с придаточными дополнительными предложениями - (ПЕ) и, в частности, той группы глаголов, которые управляют ПЕ посредством союза that, либо бессоюзно (that/ө). Последняя группа глаголов названа объектно-сентенциональными глаголами (ОСГ).[2] Данный термин характеризует группу ОСГ с точки зрения формы (sentential - "имеющий форму предложения") и с точки зрения содержания - (лат. sententia - "мнение, суждение, образ мыслей").

Анализ материала проводится следующим образом: фиксируются все глаголы, отмеченные с ПЕ и имеющие одинаковое количество валентностей. Из них выделены объектно-сентенциональные глаголы (ОСГ), отмеченные в данном валентностном классе. Одновременно проводится сравнительный анализ всех видов объектной сочетаемости при каждом объектно-сентенциональном глаголе. Наша трактовка валентности проявилась не только в названии валентностных классов через количественный аспект: двувалентные, трехвалентные ... десятивалентные, а также в классификации учитывается количество "мест", объектных позиций в каждом из видов объектной сочетаемости.

Так, например, глагол умственной деятельности guess является двувалентным объектно-сентенциональным глаголом:

1. I guess that some of you aren't going to like it. [3]

Из данного примера видна сочетаемость глагола guess с ПЕ при помощи союза that, следовательно, глагол является объектно-сентенциональным. Кроме того, для этого глагола возможно присоединение ПЕ бессоюзным способом:

2. I guess I should have gone.

Этот же глагол проявляет способность присоединять ПЕ при помощи союзов и союзных слов из группы wh:

3. Rupert guessed who he was. [4]

Приведенные примеры № 1-3 составляют один вид сочетаемости - V+O. Далее, глагол guess зафиксирован с O_1 простого состава, выраженным группой существительного, т.е. глагол имеет сочетаемость $V+O_1^{cx-pp}$ [5]

Например:

4. ...guessing his thoughts.

Иных видов комбинаторики при глаголе guess не отмечено, следовательно, глагол является двувалентным, одноместным. Аналогичными характеристиками обладают следующие глаголы: concede, emphasize, imply, maintain. Фактический материал показывает, что примером двуместного глагола может служить глагол deceive, который принимает два дополнения одновременно.

5. But she couldn't deceive herself that there was any sense of guilt in Charlie's facile flowing informative script. [6]

Из приведенного примера видно, что глагол deceive сочетается с двумя дополнениями - О1 простого состава, выраженного возвратным местоимением обозначающим лицо, и O_1 представленного that/ө - ПЕ, обозначающей ситуацию. Глагол имеет значение "обманывать", которое требует двух объектных позиций: "кого-либо" и "в чем-либо", как показывает приведенный пример. Данную сочетаемость $V+O_1+O_1^{cx-pp}$ имеют глаголы речи: prompt, implore, flatter. Таким образом, было выявлено 83 двувалентных глагола и среди них отмечено 12 объектно-сентенциональых глаголов.Это глаголы: acknowledge, assume, calculate, concede, deceive, doubt, emphasize, flatter, guess, note, perceive, state. Сравнительный анализ позволяет утверждать, что данный тип сочетаемости характерен лишь для определенной группы глаголов и среди двувалентных глаголов в нем участвуют только группы глаголов умственной деятельности и собственно глаголы речи. Данную закономерность можно проследить на материале глаголов, имеющих три, четыре ... девять видов объектной сочетаемости.

Максимальный валентностный набор объектной сочетаемости зарегистрирован у глагола tell. Tell отмечен в десяти видах объектной комбинаторики и в трех видах сочетаемости он имеет ПЕ. Например:

6. (From the motion of the heads at the other end of the bar, the agitated clinking of the Coca-Cola glasses), she could tell that her words were being repeated from one to another.

Контекст показывает, что ядерный глагол обозначает мыслительную деятельность 'know, decide' [7] и сочетается с that/ө - ПЕ в позиции O_1, раскрывающей содержание мысли. Таким образом, глагол 'tell' сочетается с that/o - ПЕ только в значении умственной деятельности, но не речи. Глагол tell отмечен также с wh- ПЕ в позиции O1. Основным же значением глагола tell является речь - 'make known (in spoken or written words), give information concerning, a description of', и в связи с этим одноместная сочетаемость не характерна для глагола, и самой распространенной является комбинаторика с O_1 простого состава и ПЕ, т.е. двуместная:

7. They <u>told</u> me that sin was ugly. [8]

В этом виде сочетаемости семантика глагола "сказать, рассказывать" раскрывается при помощи двух объектных позиций, "кому" и "что", эксплициотно представленных.

Далее, глагол способен открывать три объектные позиции. Например:

8. You <u>tell</u> her from me that I'll never speak to her again.

В данном предложении отмечены все три типа дополнения: O_2 и O_3 простой структуры и O_1 выражено that/ө - ПЕ.

Как показали примеры, во всех трех видах сочетаемости с ПЕ – $V+O_1^{cx-pp}$; $V+O_1+O_1^{cx-pp}$ и $V+O_2+O_3+O_1^{cx-pp}$ глагол tell имеет that/ө – ПЕ. Это объясняется семантической незавершенностью глагола, требующего изъяснения при помощи that/ө – ПЕ.

Таким образом, на основании анализа указанных групп глаголов с объектной сочетаемостью, имеющих наименьшее количество валентностей – двувалентные глаголы т наибольшее количество – десятивалентные глаголы, можно утверждать следующее:

1. Выделение группы объектно-сентенциональных глаголов оправдано с точки зрения формы и содержания.

2. ОСГ – глаголы, сочетающиеся с that/ө – ПЕ – строго ограничены семантически и обозначают умственную деятельность и речь.

3. Глагол tell отмеченный с десятью видами объектной сочетаемости можно назвать поливалентным.

4. Структурные модели, полученные в работе имеют прикладное значение и могут быть использованы при составлении словарей.

Литература

1. Левина Л.Б. Валентность как реальная сочетаемость. Ученые записки КГУ. (Набережночелнинский филиал). – выпуск 1. – 1999 г.

2. Левина Л.Б. Глаголы, выступающие ядром структуры V+ придаточное дополнительное предложение// Автореферат кандидатской диссертации. – Л., 1976

3. H-Aldridge, James. The Hunter. L., 1950

4. Sg-Aldridge, James. The Statesman's game. L., 1966

5. Обозначение O_1^{cx-pp} (complex – primary predication) и другие O_1 – беспредложное дополнение, O_3 – предложное дополнение, O_2 – беспредложное или предложное, в зависимости от позиции – катенативные глаголы взяты из докторской диссертации В.В. Бурлаковой. «Структура глагольных сочетаний в современном английском языке». – Л., 1971.

6. YH-Greene, G. May I Borrow Your Husband? – NY., 1967.

7. ALD – Hornby A.S. The Advanced Learner's Dictinary of Current English. L., 1963, а также Hornby A.S. Oxford Student's Dictinary of Current English. M., 1984

8. JG – Braine, John. The Jelous God. L., 1964

Попов Ю.В.[1]**, Корчагина Т.К.**[2]**, Лобасенко В.С., Павельев С.А.**
[1] проф., д.х.н.,Волгоградский государственный технический университет
[2] доц., к.х.н.,Волгоградский государственный технический университет
e-mail: viktori_2008@bk.ru

О-, N-СОДЕРЖАЩИЕ ГЕТЕРОЦИКЛИЧЕСКИЕ СОЕДИНЕНИЯ НА ОСНОВЕ ПРОИЗВОДНЫХ ДИФЕНИЛОКСИДА

Введение в гетероциклическую систему фрагмента дифенилоксида позволит получить ряд соединений, которые будут иметь широкий спектр практически полезных свойств и проявлять высокую медико-биологическую активность. Так, гетероциклические соединения, содержащие в своей структуре 3-феноксифенильный фрагмент, эффективны против штамма H37Rv микробактерии туберкулеза [1, 730]. Пиридиновый, бензимидазольный цикл и дифенилоксидный фрагмент, применяются для ингибирования 5-липоксигеназы, ингибирования продукции липидных пероксидов или снижения уровня сахара в крови. Ряд патентов связан с применением гетероциклических соединений с дифенилоксидным фрагментом в качестве составляющих фунгицидных и инсектицидных композиций.

Нами разработан метод синтеза 2-(3-феноксифенилзамещенных)бензоксазолов на основе нитрилов, содержащих 3-феноксифенильный фрагмент [2, 614; 3, 1401], и гидрохлорида *о*-аминофенола:

где Х отсутствует; -CH=CH- ; -(Me)C=CH-; -(CH$_2$)$_2$-; -CH$_2$-NH-(CH$_2$)$_2$-; -CH$_2$-O-(CH$_2$)$_2$-; -(C=O)OC(Me)$_2$-; -CH$_2$-; -CH=C(Ph)-; -CH=C(PhOPh)-.

Установлено, что взаимодействие 3-феноксифенилсодержащих нитрилов с гидрохлоридом *о*-аминофенола протекает при мольном соотношении нитрил: гидрохлорид *о*-аминофенола равном 1:1,2 и температуре 190-200 °С без растворителя в течение 5 часов с выходами 12-90%.

Выход 3-феноксифенилсодержащих бензоксазолов, при прочих равных условиях, зависит от влияния электронодонорного эффекта, стерического фактора 3-феноксифенильной группы и структуры заместителя между 3-феноксифенильной и нитрильной группами.

На основе ранее синтезированного 3-феноксибензоилацетоуксусного эфира [4, 1743] и фенилгидразина нами был получен 3-метил-1-фенил-4-(3-феноксибензоил)5-пиразолон:

Синтез вели в течение 1 часа при температуре 100 °C в присутствии уксусной кислоты. Механизм протекания реакции был подтвержден с помощью компьютерного расчета частичных зарядов на атомах кислорода карбонильных групп.

5-Метил-3-(3-феноксифенил)изоксазол получен конденсацией 1-(3-феноксифенил)бутан-1,3-диона с солянокислым гидроксиламином:

Взаимодействие реагентов осуществляли в кипящем этиловом спирте при мольном соотношении 1-(3-феноксифенил)бутан-1,3-дион : гидрохлорид гидроксиламина = 1 : 2 в течение 8 часов.

По данным компьютерного скрининга, проведенного с помощью программного комплекса "PASS Pro 2007 версии 3.07", бензоксазолы являются потенциально эффективным при лечении диабета (вероятность наличия активности 0,93) и проявляют антипсихотическую и антиспазмалитическую активности. 3-Метил-1-фенил-4-(3-феноксибензоил)5-пиразолон проявляет потенциально высокие анальгетические и антипиретические свойства; 5-метил-3-(3-феноксифенил)изоксазол демонстрирует высокие противовоспалительные и иммуностимулирующие свойства.

Работа выполнена при финансовой поддержке Минобрнауки РФ в рамках базовой части госзадания №2014/16 проект №2879.

Литература:

1. Kini S.G., Bhat A., Pan Z.// J. Enzyme Inhib.Med. Chem. 2010.Vol.25. №5. P.730
2. Синтез нитрилов, содержащих 3-феноксифенильный фрагмент / Ю.В. Попов, Т.К. Корчагина, В.С. Камалетдинова, М.В. Смирнова // Журнал общей химии. - 2010. - Т. 80, вып. 4. - С. 614-618.
3. Попов, Ю.В. Синтез 3-феноксифенилацетонитрила / Ю.В. Попов, Т.К. Корчагина, В.С. Лобасенко // Журнал общей химии. - 2011. - Т. 81, вып. 8. - С. 1401-1402.
4. Синтез 1-(3-феноксифенил)бутан-1,3-диона на основе ацетоуксусного эфира / Ю.В. Попов, Т.К. Корчагина, Г.В. Калмыкова, Л.А. Лосевская // Журнал общей химии. - 2013. - Т. 83, вып. 10. - С. 1743-1745.

Gyaurgiev A.M.
Master of Economics, RSAU – MTAA
to-b@yandex.ru,
Surinova O.N.
Student of RSAU – MTAA
18lesja03@mail.ru

THE ROLE OF AFRICA IN TACKLING GLOBAL FOOD INSECURITY

The problem of food security is of a great interest all over the world because of population growth in developed and developing countries. This is a challenge not only for the developing nations, but also for the developed world. The magnitude of the problem in terms of its severity and proportion depends on the state. Population growth differs manyfold in developed and developing countries, as well as access to material values and resources. Availability in the neighborhood of "hungry neighbors" and their desire to get in to a country where they think the problem is not exist, turns the question into a global one.

In the 1960's, the Green Revolution contributed to the development of high-yielding crop varieties, the expansion of irrigation infrastructure, and the distribution of modern fertilizers and pesticides to developing-country farmers – bolstered agricultural production worldwide. These conditions promoted rapid growth of agricultural production. So, it was developing countries that achieved much success due to receiving fertilizers and modern technology from developed countries. But the hunger problem has not been solved. Hunger is still common in developing countries who suffer from a shortage of grain and the constant fluctuation of prices.

By 2050 population of the earth is expected to exceed nine billions. For the food security level being achieved, it is essential that all people have a consistent, affordable access to food, despite the limited land and water resources and the way of running business, based on resource - intensive technologies. [1]

To overcome these challenges is hardly easy. But, accepting coordinated measures for encouraging of innovations, strengthening market relations and supporting smallholder farmers, developing countries can create productive, stable, resistant and equitable agricultural sectors, achieve reach sustainable economic growth, and guarantee food security for all.

To achieve these objectives it is necessary to carry out a series of actions: the public and private sectors need to increase investments in research and development, as well as to expand the application of effective, affordable and acceptable technologies. The use of certain technologies should vary with region and country of the investment destination and take into account individual needs. An example is the agricultural machinery. In Africa and Latin America, where most of the population is engaged in agriculture, there is no need for high-tech tractors as in Germany.

Furthermore, the soils continue to degrade leading to a reduction in the productivity of the farms. Some of the causes of soil fertility depletion in Africa include the limited adoption of fertilizer replenishment strategies and soil and water conservation measures; the decline in the use and length of fallow periods; expansion of agricultural production into marginal and fragile areas; and the removal of vegetation through overgrazing, logging, development, and domestic use. In this regard on a first priority basis comes out investment into the crops yields increase while using fewer resources and minimizing environment damage. [2]

For example, conservation agriculture, which purpose is to reduce the need for damaging and the labor-intensive techniques connected with tillage operations, can increase crop yields, while protecting vulnerable soils from an erosion and improving soil fertility. For example, in Zambia the researches, conducted by the local government in cooperation with the international public organizations, found out that new hybrid seeds allow to collect about four-five tons of corn per hectare, while productivity of this crop in Africa on the average is one ton per hectare.

Another important aspect is to support smallholder farmers who will be able to provide productive and sustainable agriculture. They should be given access to the necessary resources for development and help minimize the risk. All of this will require the creation and maintenance of an efficient market channels and raw material market.

The result of work "Alliance for a green revolution in Africa" can be a bright example. Often, the African farmers had to overcome dozens of kilometers to buy necessary supplies for their farms. "Alliance" in collaboration with the governments of the African states, international organizations and farmers succeeded to create effective system from 5000 agrodillers working in East and Western Africa. As a result, farmers need to overcome several times shorter distances. Points of sales where farmers will be able to acquire the most necessary supplies for the farms were opened.

At the same time, smallholder farmers need easier access to markets to sell their crops for a fair price, rather than relying on expensive middlemen or inefficient government bodies. An alternative would be to establish some form of cooperative or contract-based farm association that can negotiate fair prices.

Another problem is national and gender discrimination. Ethnic minority often has no opportunity to be engaged in full extend in agricultural production. The governments have to develop and carry out the policy directed on including of all the population in agricultural production process. According to many researchers, giving access to female farmers to the same resources, as their male colleagues, the starving number in the world could be reduced by 100-150 million people.

Finally, political leaders must consistently implement these programs at the international, regional, national and local levels. To achieve these goals, they must follow the commitments made in the framework of international institutions such as the G-7, G-20, and the African Union - increased investment in agriculture and the fight against hunger. In addition, they must continue to support ongoing national initiatives aimed at further implementation of investment and cooperation.

The president of Ghana John Kufuor can be an example. From 2001 to 2009, the policy pursued by him allowed to increase investments into agriculture, education of farmers and infrastructure researches, such as construction of roads, warehouses and cold stores. As a result, the share of the poor population decreased from 51% in 1991-92 to 28,5% in 2005-06. For the last 25 years the agricultural sector in Ghana is growing an average of 5% per year.

If tendencies proceed, Africa will play more and more important role in the world economy. By the year 2040, 1/5 part of young people in the world will live on this continent, and the quantity of working - age population will be more than in China. Africa has nearly 60% of not processed arable land in the world and large supplies of natural resources. Its consumer sector grows two-three times quicker, than in 7 leading countries of OECD, profitability of foreign investments is higher in Africa, than to any other developing region. Heads of the international companies and investors pay more and more attention to Africa and aren't able to afford to ignore these indicators further. Working together, business, the state and society can resist to many problems and increase the living standards of people.

All this gives the grounds for optimism. Investing in distribution of innovative technologies, strengthening of market communications, encouraging investments into developing countries, and helping those to whom the help is necessary, the world community, thus, will be able to solve problems connected with food security in the world.

References

1. http://www.un.org/africa/
2. https://www.concern.net/
3. http://www.agra.org/
4. http://www.oecd.org/countries/ghana/

Отришко М.О.

к.э.н., ФГБОУ ВПО «Ростовский Государственный Экономический
Университет (РИНХ)»
starka13@mail.ru

НЕКОТОРЫЕ ОСОБЕННОСТИ ФИНАНСИРОВАНИЯ СКОРОЙ МЕДИЦИНСКОЙ ПОМОЩИ В РОССИИ

Поэтапное вступление в силу с 1 января 2011 года закона №326-ФЗ «Об обязательном медицинском страховании» предполагает создание к 2015 году полноценно работающей системы здравоохранения, где центральным звеном является конкретный человек. Одна из важных норм, которая касается качества медицинского обслуживания и его финансирования – переход к с 1 января 2013 года к финансированию скорой медицинской помощи за счет средств обязательного медицинского страхования.

В соответствие с Федеральным законом №323 от 21 ноября 2011 г. «Об основах охраны здоровья граждан в Российской Федерации», разработан Порядок оказания скорой медицинской помощи №586н от 02.08.2010 [4] и установлены требования к базовой программе обязательного медицинского страхования, которая должна устанавливать конкретные способы оплаты медицинской помощи, которая оказывается вне медицинской организации: по подушевому нормативу финансирования или по подушевому нормативу финансирования в сочетании с оплатой за вызов скорой медицинской помощи. Субъекты Российской Федерации вправе самостоятельно определять способы оплаты для мотивации медицинских работников на более эффективную работу.

Программа государственных гарантий, исходя из норм по разграничению полномочий Российской Федерации и субъектов РФ в сфере здравоохранения, определяет источники финансового обеспечения оказания медицинской помощи как: в рамках базовой программы обязательного медицинского страхования - скорая медицинская помощь, перечень страховых случаев и условия оказания медицинской помощи застрахованным лицам; за счет средств региональных бюджетов - финансовое обеспечение скорой медицинской помощи – в части помощи, не включенной в базовую и территориальную программу обязательного медицинского страхования [3].

В соответствие с разделом "Критерии доступности и качества медицинской помощи" Территориальной программы государственных гарантий бесплатного оказания гражданам медицинской помощи, оценка скорой медицинской помощи происходит исходя из количества вызовов скорой медицинской помощи в расчете на 1 жителя, числа лиц, которым оказана медицинская помощь и доли лиц, которым скорая медицинская помощь оказана в течение 20 мин после вызова, в общем числе лиц, которым оказана скорая медицинская помощь [5].

Еще одним нововведением является то, что с 2011 года упрощена схема межтерриториальных взаиморасчетов за оказание медицинской помощи гражданину, который находится за пределами места постоянного проживания. Особенностью расчетов между субъектами Российской Федерации является то, что Федеральный фонд обязательного медицинского страхования, за счет аккумуляции у себя части ресурсов за счет них осуществляет расчеты; таким образом, не позднее 25 дней медицинское учреждение, выставив счет, получает деньги за пролеченного больного.

Особенностью реализации закона является и необходимость составления врачами скорой медицинской помощи договора на оказание медицинских услуг лицам, не подлежащих страхованию в системе обязательного медицинского страхования (военные, представители силовых структур), если медицинская помощь оказывается таким лицам вне ведомственных учреждений.

Изменения функционирования скорой медицинской помощи коснулись и порядка формирования бригад (введение "облегченных" экипажей, сокращение или ликвидацию специализированных бригад), и утверждения перечня состояний для госпитализации, и введения требования оснащения автомобилей скорой медицинской помощи модулей систем ГЛОНАСС и GPS, и др.

Реализация новых законов в системе здравоохранения в части включения скорой медицинской помощи в территориальные программы обязательного медицинского страхования, предусматривает ряд ощутимых улучшений для каждого гражданина. Особенно это можно проследить в субъектах Российской Федерации, которые наладили взаимодействие всех участников обязательного медицинского страхования на своей территории.

Литература:

1. Федеральный Закон Российской Федерации от 29.11.2010г. №326-ФЗ «Об обязательном медицинском страховании»;

2. Федеральным законом Российской Федерации от 21 ноября 2011г. №323 «Об основах охраны здоровья граждан в Российской Федерации»;

3. Постановление Правительства РФ от 18 октября 2013г. №932 «О программе государственных гарантий бесплатного оказания гражданам медицинской помощи на 2014 год и на плановый период 2015 и 2016 годов»;

4. Приказ Министерства здравоохранения и социального развития РФ от 02.08.2010 №586н "О внесении изменений в порядок оказания скорой медицинской помощи, утвержденный Приказом Министерства здравоохранения и социального развития Российской Федерации от 1 ноября 2004г. №179";

5. Постановление Правительства Ростовской области от 26.12.2013г. №869 «О территориальной программе государственных гарантий бесплатного оказания гражданам медицинской помощи в Ростовской области на 2014 год и на плановый период 2015 и 2016 годов».

Чепига Ю.В.

магистр экономических наук,
старший преподаватель кафедры «Финансы и кредит»
Сибирский государственный университет путей сообщения
scherbakova.ulia@yandex.ru

К ВОПРОСУ О КЛАССИФИКАЦИИ РИСКОВ

Понятие «риск» обычно связывают с условиями принятия управленческих решений и прогнозированием результатов деятельности. В классической теории риск отождествляют с математическим ожиданием потерь, которые могут возникнуть в результате принятого решения. Например, «риск – это вероятность потери экономической системой части своих ресурсов, недополучения доходов или появления дополнительных расходов в результате осуществления определенной производственной и финансовой деятельности» [1, с. 58].

Такое толкование сущности риска сторонники неоклассической теории рисков (основатели – А. Маршалл и А. Пигу) считают весьма односторонним и связывают его с теорией неравновесных процессов, протекающих в условиях неопределенности, понимая под риском отклонение от первоначального состояния, форму несовпадения желаемого и действительного, целей и результата. Следовательно, сущность риска, по неоклассической теории, заключается в возможности отклонения от цели, ради достижения которой принималось решение, и это отклонение может быть выражено как возможной неудачей (потерей), так и удачей (благоприятным исходом) [2, с. 37].

Анализ многочисленных трактовок риска [1–6] позволяет определить основные аспекты, присущие данному понятию, взаимосвязь которых и составляет сущность риска: возможность отклонения от предполагаемой цели, ради которой осуществлялась выбранная альтернатива; вероятность достижения желаемого результата; отсутствие уверенности в достижимости поставленной цели; возможность потерь, связанных с реализацией выбранной в условиях неопределенности альтернативы. Важный элемент риска – наличие вероятности отклонения (как отрицательного, так и положительного свойства) от выбранной цели. Указанные элементы, их взаимосвязь и взаимодействие отражают содержание риска. В экономических исследованиях вероятность достижения предполагаемого результата принимаемого решения называют еще экономической надежностью [2].

Идентификация рисков, их оценка и учет в процессах функционирования и развития экономических систем возможна только на основе качественной классификации. В результате чего мы сталкиваемся с важнейшей общепризнанной проблемой риск-менеджмента –

классификацией рисков. Авторский обзорный анализ существующей литературы показал, что нет единых методологических подходов к классификации рисков в теории и практике зарубежного и отечественного риск-менеджмента.

Данная тенденция обусловлена тем, что в экономической природе возможно наблюдать множество разнообразных проявлений риска и один и тот же его вид может определяться разными терминами, поэтому в практической деятельности бывает очень сложно разграничить конкретные виды риска.

Чаще всего риски объединяются в три блока. В первом блоке их группируют по степени управляемости (управляемые, неуправляемые); возможности страхования (страхуемые, нестрахуемые); степени сложности и характеру воздействия (простой, сложный, индивидуальный, портфельный); возможности диверсификации (диверсифицируемые, недиверсифицируемые); возможным последствиям (чистый риск, риск упущенной выгоды, спекулятивный риск); возможности прогнозирования (прогнозируемый, непрогнозируемый); виду потерь (риск прямых потерь, риск снижения доходности); по умышленности действий (умышленные и неумышленные риски).

Во втором блоке различают риски по альтернативной стоимости ресурсов (риск, связанный с неопределенностью покупательной способности денежной единицы или с неопределенностью конъюнктуры); по уровню потерь (риск «безрисковой операции», допустимый, критический, катастрофический риск); по масштабам проявления (общегосударственный, отраслевой, региональный, риск на уровне предприятия); по источникам возникновения (систематический (внешний) риск, несистематический (внутренний) риск); по конкурентной стратегии (риски стратегии разработки рынка, стратегии расширения рынка, стратегии развития товара).

Третий блок содержит группы рисков по следующим признакам: характеризуемый объект (риск отдельной операции, риск различных видов деятельности, структурный операционный риск, риск инвестиционной деятельности хозяйствующего субъекта); характер проявления во времени и степень повторяемости (временный, постоянный риск, спекулятивный (многократный) риск, однократный (чистый), условный риск); классификационные признаки инвестиций (риски финансового инвестирования; риски государственного, частного и иностранного инвестирования; риски прямого и непрямого инвестирования; риски инвестиций: начальных, для экономии текущих затрат, в сохранение позиций на рынке, в расширение или создание производства; риски реинвестирования: риски источников финансирования инвестиционных средств, риски инвестиционных программ и проектов инвестиционного портфеля, риски структуры финансового потока инвестиционных программ и проектов и т.д.).

Применение большого числа классификационных признаков обогащает классификации рисков и расширяет возможности их качественной идентификации. Однако не все подходы авторов бесспорны. Например, спекулятивный риск не может быть связан с повторяемостью, это риск, связанный с возможностью получения как положительного, так и отрицательного результата. Спекулятивный риск показан в группировках по разным классификационным признакам. Виды рисков по уровню потерь обычно не выделяются, такие подходы связаны со шкалированием рисков, а не с группировкой. Шкалы по уровню потерь разрабатываются для многих видов рисков. Деление рисков на индивидуальный и портфельный не соответствует названному классификационному признаку, это не характер воздействия.

Нужно отметить, что в существующих в экономической литературе классификациях практически отсутствует деление рисков по характеру субъекта деятельности. По данному признаку можно, на наш взгляд, выделять элементные и системные риски.

Системные риски, в отличие от элементных, связаны с процессом взаимодействия элементов в системе с учетом структуры связей и элементного состава системы. Такое деление актуально в связи с тем, что любая деятельность экономической системы протекает в рамках взаимодействия различных субъектов хозяйствования. К тому же экономические системы сложны по своей структуре. Системные риски в данной связи можно разделить на риски структуры и состава.

Необходимо отметить странное обстоятельство: в показанных классификациях отсутствуют операционные риски. Это удивительно, ведь речь идет о рисках, возникающих в процессах функционирования и развития экономических систем, которые связаны с операционной деятельностью, прежде всего.

Однако, в риск-менеджменте финансовой сферы исключительное большое значение, придается операционным рискам, о чем свидетельствует большое число, нормативных документов, посвященных управлению операционными рисками. В этих документах четко прописан понятийный аппарат данной предметной области. Согласно Базельскому соглашению по капиталу операционный риск есть риск возникновения убытков в результате недостатков или ошибок во внутренних процессах, в действиях сотрудников и иных лиц, в работе информационных систем или вследствие внешних событий [7].

Но в среде нефинансовых организаций и производственных предприятий общепризнанное определение операционных рисков организации (предприятия) отсутствует, а число исследований, комплексно рассматривающих данное понятие, применительно к специфике организации (предприятия), невелико.

Литература:

1. Васин С.М., Шутов В.С. Управление рисками на предприятии: учеб. пособие. М.: КНОРУС, 2010. 304 с.

2. Владимирова Т.А., Соколов В.Г., Соколов С.А. Экономическая надежность управления инвестициями в строительстве. Новосибирск: САФБД, 2013. 208 с.

3. Гранатуров В.М. Экономический риск: сущность, методы измерения, пути снижения: учеб. пособие М.: Дело и Сервис, 2002. 112 с.

4. Домащенко Д.В., Финогенова Ю.Ю. Уаправление рисками в условиях финансовой нестабильности / Д.В. Домащенко, Ю.Ю. Финогенова. – М.: Магистр: ИНФРА–М, 2010. – 238 с.

5. Риск-менеджмент: Учебник / В.Н. Вяткин, И.В. Вяткин, В.А. Гамза, Ю.Ю. Екатеринославский, Дж. Дж. Хэмптон; Под ред. И. Юргенса. - М.: Издательско-торговая корпорация «Дашков и К°», 2003. - 512 с.

6. Шапкин А.С. Экономические и финансовые риски. Оценка, управление, портфель инвестиций. – 6-е изд. – М.: Издательско-торговая корпорация «Дашков и К°», 2007. – 544 с.

7. International Convergence of Capital Measurement and Capital Standards: A Revised Framework. Basle Committeeon Banking Supervision, June. 2004. URL: http://bookfi.org/book/1051911 (дата обращения: февраль 2013).

Иванова Н.В.
к.э.н., доцент кафедры «Экономика и маркетинг в АПК»
ФГБОУ ВПО Волгоградский государственный аграрный университет

ТЕНДЕНЦИИ РАЗВИТИЯ ИНФРАСТРУКТУРЫ АГРОПРОДОВОЛЬСТВЕННОГО РЫНКА ВОЛГОГРАДСКОЙ ОБЛАСТИ В УСЛОВИЯХ ВТО

Активно вливаясь на современном этапе развития в международное экономическое пространство аграрный сектор российской экономики испытывает объективную необходимость повышения эффективности функционирования и применения инновационных форм управления маркетингом в формировании экономического потенциала регионов.

В этом отношении весьма хорошими возможностями обладает Волгоградская область. Обладая уникальными почвенно-климатическими условиями и являясь одним из крупнейших в России продуцентов сельскохозяйственной продукции (10-е место в РФ, 3-е место в ЮФО), Волгоградский регион имеет существенные предпосылки для развития экспортоориентированных отраслей АПК и продвижения региональных торговых марок на мировых рынках.

Мощный природно-климатический, научный, инновационный и ресурсный потенциал региона позволяет не только удовлетворять внутренние потребности, но и оказывать достаточно сильное влияние на формирование продовольственного рынка России. В сфере АПК занято 216 тысяч человек, что составляет 18 % от общей численности экономически активного населения Волгоградской области. На начало 2014 года в регионе функционировало 541 сельскохозяйственное предприятие, 11,8 тысяч крестьянских (фермерских) хозяйств и 240,6 тысяч личных подсобных хозяйств [1, с. 17].

Современный агропродовольственный рынок Волгоградской области характеризуется, с одной стороны, достаточной насыщенностью, соответствующей низкому платежеспособному спросу населения, относительно высоким уровнем физической доступности продовольственных товаров, с другой стороны – неразвитостью товаропроводящей инфраструктуры, многозвенностью поставок, высокими издержками обращения в товаропроводящей цепи [2, с. 294]. Следствием этого являются увеличение сроков доставки конечному потребителю, высокие цены для конечного потребителя, химическая обработка продуктов для повышения сроков хранения, низкое качество продуктов.

Одной из основных причин такого положения является слабая институциональная база реформ, неразвитость институтов нормативно-правового обеспечения, а также усиление недобросовестной конкуренции на рынках, их криминализация.

Также следует отметить, что реально имеющийся уровень развития маркетинговой деятельности в АПК по сравнению с другими сферами значительно ниже, а высококвалифицированные рекомендации и высококлассные специалисты по ее осуществлению пока отсутствуют. В период реформирования аграрного сектора, подавляющее большинство агроформирований России оставило без изменений организацию снабжения и сбыта, в них отсутствует маркетинговая стратегия, наблюдается слабая адаптация процесса производства продукции к требованиям рынка, что в конечном итоге приводит к ухудшению экономических показателей.

Недостаточное внимание уделяется также созданию инфраструктуры рынка. Крайне ограниченной остается деятельность товарных бирж, медленно осваивается электронная торговля продовольствием. На потребительском рынке торговая инфраструктура, где формируются конечная структура потребления и розничные цены на продовольствие, все более переходит под контроль иностранных, преимущественно, западных компаний. Медленно повышается покупательная способность населения, особенно преобладающей его части с низким уровнем доходов.

Одновременно открытость рынка привела к экспансии импортного продовольствия. Общий объем импорта продовольственных товаров и сельскохозяйственного сырья в Волгоградскую область в 2013 году, по сравнению с 2000 годом, увеличился в 3 раза. Особенно высока доля импортной продукции на рынках мяса и молока, составляющая 31 % и 25 % соответственно [3, с. 251].

В связи с этим, меры по совершенствованию агропродовольственного рынка Волгоградской области необходимо направить на развитие его инфраструктуры, которая должна включать: 1) развитие системы оптовой торговли сельскохозяйственной продукцией на основе формирования продуктовых кластеров, интегрирующих деятельность товаропроизводителей, предприятий пищевой и перерабатывающей промышленности, операторов оптовой торговли; 2) обеспечение доступа к рынку сельскохозяйственным товаропроизводителям вне зависимости от категорий хозяйств и мест их расположения; 3) существенное увеличение числа и расширение сферы деятельности снабженческо-сбытовых, потребительских кооперативов и сельскохозяйственных рынков различного уровня; 4) создание транспортно-логистических и оптово-логистических центров по заготовке, транспортировке, хранению и дистрибуции сельхозпродукции; 5) организация работы бирж, в том числе электронных, по зерну и другим товарам биржевой торговли.

Развитие инфраструктуры агропродовольственного рынка предполагает согласование интересов сельхозтоваропроизводителей, предприятий переработки, сервиса и торговых структур с учетом специфики конкретных территорий. В перспективе инфраструктура агропродовольственного рынка будет включать:

- торгово-посреднические организации (оптовые и розничные сельскохозяйственные рынки, ярмарки, аукционы, оптово-логистические центры, торгово-промышленные палаты, потребительские общества, снабженческо-сбытовые кооперативы, потребительские кооперативы);

- информационно-консультационные организации (выставки, рекламные агентства, информационно-консультационные центры, маркетинговые агентства);

- финансовые организации (коммерческие банки, страховые и инвестиционные компании, кредитные кооперативы);

- организации по оказанию услуг (лизинговые компании, транспортно-экспедиторские организации, прокатные предприятия, специализированные сервисные центры, организации, предоставляющие в аренду недвижимость, склады, элеваторы);

- контролирующие и юридические организации (налоговая инспекция, инспекция по торговле, инспекция по труду, пожарная инспекция, санэпидемнадзор, таможенная служба, фирмы по оказанию юридических консультаций, адвокатские фирмы);

- организации по трудовому обеспечению (биржа труда, служба занятости населения, центры по подготовке и переподготовке кадров, учебные заведения в сфере профессионального обучения);

- транспортно-логистические центры и снабженческие службы.

Наличие таких элементов позволяет рационализировать связи предприятий-производителей и товаропроводящих структур, для достижения основной цели инфраструктуры агропродовольственного рынка, состоящей в обеспечении бесперебойного движения продовольственной продукции от её производителей (поставщиков) к потребителям с соблюдением интересов всех субъектов агропродовольственного рынка.

Литература

1. Иванова Н.В. Стратегия комплексного развития сельских территорий и эффективного функционирования АПК Волгоградской области в условиях ВТО [Текст] / Овчинников А.С., Балашова Н.Н., Иванова Н.В. // Экономика сельскохозяйственных и перерабатывающих предприятий. – 2014. – № 1. – С. 16-20.

2. Иванова Н.В. Рационализация системы управления производством и сбытом масложировой продукции в АПК региона [Текст] / Иванова Н.В., Долматов С.Б. // Известия Нижневолжского агроуниверситетского комплекса: Наука и высшее профессиональное образование. - 2011. - № 3. - С. 290-299.

3. Иванова Н.В. Тенденции развития внешнеэкономической деятельности в АПК России [Текст] / Иванова Н.В., Васильченко Е.Б. // Известия Нижневолжского агроуниверситетского комплекса: Наука и высшее профессиональное образование. - 2013. - № 4 (32). - С. 245-252.

Гавриленко Д.А.
аспирант кафедры корпоративного управления Государственного
университета управления, главный экономист Департамента коллективных
инвестиций и доверительного управления Банка России
e-mail: gavr.raj@gmail.com

АКЦИОНИРОВАНИЕ НЕГОСУДАРСТВЕННЫХ ПЕНСИОННЫХ ФОНДОВ В ПРОЦЕССЕ КОРПОРАТИЗАЦИИ РОССИЙСКОЙ ЭКОНОМИКИ

Началом деятельности первых негосударственных пенсионных фондов в России принято считать 1992 год, а именно момент издания Указа Президента Российской Федерации от 16 сентября 1992 года № 1077 «О негосударственных пенсионных фондах». Указ, по сути, создавал в России институт негосударственных пенсионных фондов (далее - НПФ), но достаточно слабо регулировал их деятельность.

При этом интересной особенностью, является то, что уже на данном этапе было предусмотрено, что НПФ является некоммерческой организацией (несмотря на то, что в тот момент профильного закона, регламентирующего статус и деятельность некоммерческих организаций, в России не было). Вызвана эта ситуация была в том числе и тем, что инициаторами появления института негосударственного пенсионного обеспечения в России выступали крупные отечественные компании, которые рассматривали НПФ в первую очередь как социальную поддержку своих работников, а не как бизнес [4].

С момента формирования и до момента последних законодательных изменений негосударственные пенсионные фонды существовали в форме некоммерческих организаций, что всегда вызывало споры ученых цивилистов по поводу природы и статуса НПФ [5, 135; 4, 176]. В этой связи обоснованным видится мнение о том, что правовой статус фонда в случае НПФ необходимо рассматривать в понимании фонда денежных средств.

В настоящее время в России проходит фундаментальная реформа института негосударственных пенсионных фондов, одним из аспектов которой является обязательное изменение организационно-правовой формы НПФ с некоммерческой организации на акционерное общество.

Так с 01 января 2014 года НПФ может быть создан только в форме акционерного общества, а все ранее созданные НПФ подлежат соответствующей реорганизации или ликвидации. Фондам, осуществляющим деятельность по обязательному пенсионному страхованию, на реорганизацию дан срок до 2016 года, фондам, осуществляющим деятельность исключительно по негосударственному пенсионному обеспечению, дан более длительный срок – до 2019 года.

Мнения профессионального сообщества в вопросе необходимости акционирования НПФ расходятся.

Часть экспертов говорит о том, что организационно-правовая форма акционерного общества полностью противоречит статусу, данному НПФ изначально, при формировании системы негосударственного пенсионного обеспечения, - как особой организационно-правовой формы некоммерческой организации социального обеспечения, то есть некоммерческой организации, главной задачей которой является доходность, обеспечение по пенсионным накоплениям и обеспечение их сохранности. В качестве аргумента приводится тот факт, что главной задачей акционерного общества является получение прибыли и выплаты дивидендов акционерам, которые могут быть получены только за счет средств вкладчиков [7].

Противники акционирования говорят и о том, что организационные издержки, необходимые для осуществления работы фонда увеличатся, и бремя их оплаты фактически падет на вкладчиков. Также увеличится общая бюрократическая нагрузка на работу фондов и как следствие увеличение сроков принятия стратегических решений [8].

Затруднение, по мнению некоторых специалистов, вызовет и процесс распоряжения правами владения НПФ - приобретение в собственность либо получение в доверительное управление физическим или юридическим лицом более 10 процентов акций фонда в результате совершения одной сделки или нескольких сделок требует обязательного согласования с контрольным органом – Банком России [8].

Однако критика реформы негосударственного пенсионного обеспечения в части акционирования негосударственных пенсионных фондов видится несостоятельной.

Некоммерческий статус НПФ противоречит самой природе их функционирования как субъектов рынка коллективных инвестиций. Деятельность по размещению средств пенсионных резервов и инвестированию средств пенсионных накоплений с целью получения прибыли имеет все признаки коммерческой деятельности на финансовом рынке, в связи с чем, логичным и правильным видится осуществление подобной деятельности коммерческой организацией. Соответственно коммерческая составляющая в деятельности НПФ первична, при наличии и функции социальной – выполнении пенсионных обязательств.

Некоммерческий статус не позволяет обществу использовать всю полноту инструментов корпоративного управления, необходимых для его деятельности на рынке, что в свою очередь наносит серьезный вред развитию рынка негосударственного пенсионного обеспечения и как следствие всему финансовому рынку.

Реформа, в этой части, предоставляет огромное поле для развития практик корпоративного управления в деятельности НПФ, что позволит повысить эффективность и прозрачность деятельности данных компаний, а также даст возможность перехода на международные стандарты корпоративного управления, что создаст инвестиционную привлекательность подобных компаний. Ни один инвестор экономически не заинтересован вкладывать средства в некоммерческую организацию, не раскрывающую ни структуру управления, ни аффилированных лиц.

Более того, унитарный характер некоммерческой организации не дает каких либо легитимных корпоративных прав на участие учредителей в деятельности фонда.

Соответственно при отсутствии статуса коммерческой организации учредители либо лица, контролирующие НПФ, не имеют полноценной возможности для развития своего бизнеса, использования специализированных инструментов привлечения дополнительного финансирования, взаимодействия с инвесторами. Единственной возможностью дополнительного финансирования деятельности фонда являлось внесение дополнительных взносов учредителями, что создавало большие трудности и не способствовало стабильности и развитию фонда.

Кроме всего прочего акционирование позволит и обяжет НПФ действовать в соответствии с мировыми стандартами и требованиями рыночной экономики, в том числе международными стандартами отчетности, польза использования которых очевидна.

Используя международные стандарты финансовой отчетности, НПФ становится полностью транспарентным финансовым институтом открытого рынка, что позволяет справедливо оценить имеющийся бизнес (и соответственно упрощает вопрос продажи НПФ), повысить прозрачность управления, использовать практики корпоративного управления и как следствие повысить качество менеджмента. В этом случае появляется и возможность установить правила ответственности менеджмента за принятые управленческие решения.

Высокий уровень корпоративного управления, отраженный в соответствующем рейтинге, может служить дополнительным конкурентным преимуществом фонда.

Акционирование негосударственных пенсионных фондов безусловно позитивная новелла, которая послужит фактором прямо влияющим на корпоратизацию финансового рынка и развитие и модернизацию экономики России в целом.

Список литературы (источники):

1. Федеральный закон от 07.05.1998 № 75-ФЗ «О негосударственных пенсионных фондах»

2. Федеральный закон от 28.12.2013 № 410-ФЗ «О внесении изменений в Федеральный закон «О негосударственных пенсионных фондах» и отдельные законодательные акты Российской Федерации»

3. Распоряжение Правительства Российской Федерации от 25.12.2012 № 2524-р «Об утверждении Стратегии долгосрочного развития пенсионной системы Российской Федерации»

4. Гражданское право Общая часть: Учебник: в 4 т. / В.С. Ем, Н.В. Козлова, С.М. Корнеев и др.; под ред. Е.А. Суханова. 3-е изд., перераб. и доп. М.: Волтерс Клувер, 2008. Т. 1. 736 с.

5. Комментарий к Гражданскому кодексу Российской Федерации Комментарий к Гражданскому кодексу Российской Федерации, части первой: в 3 т. (постатейный) / Т.Е. Абова, З.С. Беляева, Е.Н. Гендзехадзе и др.; под ред. Т.Е. Абовой, А.Ю. Кабалкина. 3-е изд., перераб. и доп. М.: Юрайт-Издат, 2007. Т. 1. 1060 с.

6. http://www.rbcdaily.ru/finance/562949991034957

7. http://www.rbc.ru/rbcfreenews/20131219164016.shtml

8. http://www.garant.ru/article/523869/

Марцева Т.Г.
кандидат экономических наук, НФ КубГУ, НФ КрУ МВД
kalipso-dream@mail.ru

РАЗВИТИЕ ИНСТИТУТА НЕКОММЕРЧЕСКОГО ПРЕДПРИНИМАТЕЛЬСТВА РОССИИ

Предпринимательство как вид бизнеса представляет собой неотъемлемую часть экономической системы любой страны, а также институт, символизирующий особую форму общественных отношений. В настоящее время рыночная экономика представляет собой систему, обладающую рядом недостатков, смещающей приоритет от социальных и общечеловеческих ценностей в сторону прагматизма и потребительского поведения. В этой связи актуальность приобретает активное внедрение и распространение института

Любую сферу экономики можно считать «производительной», так как она занимается созданием различного рода благ, материальных или нематериальных. Под производством нематериальных благ чаще всего подразумевается процесс создания духовных, интеллектуальных, культурных и иных ценностей, направленных на сохранение и расширение образовательного, трудового потенциала общества, формирование условий всестороннего развития личности, воздействие на общественное сознание.

Результаты нематериального производства имеют различные формы проявления. Они могут выступать в качестве индивидуальных (образование, лечение и др.) и общественно-полезных эффектов (повышение культурного уровня и др.). В конечном счете, производство нематериальных благ является одним из решающих факторов роста производительности труда в материальном производстве. В соответствии с этим в экономической литературе вместо понятий производственной и непроизводственной сферы все чаще используются понятия коммерческого и некоммерческого сектора, получившие широкое распространение после принятия Гражданского Кодекса Российской Федерации.

Некоммерческие организации - это организации, имеющие иные цели (не извлечение прибыли). Некоммерческие организации могут осуществлять предпринимательскую деятельность лишь постольку, поскольку это служит достижению целей, ради которых они созданы, и соответствующую этим целям. Поэтому, если есть необходимость использовать именно такую форму для ведения предпринимательской деятельности, следует точно сформулировать цели организации с тем, чтобы совместить предмет предпринимательства с этими целями [6].

ГК РФ предусматриваются следующие виды некоммерческих организаций: потребительские кооперативы, общественные и религиозные организации (объединения), фонды, учреждения, ассоциации и союзы, иные могут быть определены законом. Деятельность некоммерческих организаций регламентируется ГК РФ (ст.116-123 ГК РФ), Федеральным законом от 12 января 1996 года №7-ФЗ «О некоммерческих организациях» и прочими нормами права.

По данным на 14.03.2013 г., в разделе «Информация о зарегистрированных некоммерческих организациях» на сайте Министерства юстиции РФ числятся 405 720 НКО. В этот перечень входят как организации, имеющие статус «исключенных» (184 647), так и статус «зарегистрированных» (221 073) [3].

Данные показывают, что в малой степени представлены организации в сфере социальных услуг и в области информационного консультирования. Одним из приоритетных направлений в области партнерства и развития бизнеса сейчас является применение аутсорсинга. Это как раз тот вид некоммерческих услуг, который может дать толчок в развитии как в целом «третьего сектора», так и всего рыночного хозяйства.

Из 221 073 зарегистрированных НКО к «третьему сектору» можно отнести 192 956 организаций (в это число не входят политические партии, государственные корпорации, государственно-общественные объединения, ассоциации крестьянских (фермерских) хозяйств, ассоциации экономического развития, садоводческие, огороднические, дачные и иные товарищества, советы муниципальных образований, ТСЖ, ТПП, нотариальные палаты, учреждения). Количество людей, занятых в «третьем секторе», составляет 1,1% экономически активного населения или более 828 тыс. человек. В то же время уровень государственной поддержки этой сферы в России существенно отстает от развитых стран [4; 7, 227].

Сегодня мировой опыт показывает, что развитие «третьего сектора» невозможно без активного участия и поддержки со стороны государства. В 2012 году на государственную поддержку НКО в России было выделено 4,7 млрд. руб. (из них 1 млрд. руб. — на гранты Президента РФ). В 2013 году сумма поддержки увеличится: в федеральный бюджет заложено 8,285 млрд. руб. на поддержку «третьего сектора» (из них 2,37 млрд. руб. — на президентские гранты) [2].

Некоммерческие организации в России, пройдя за 20 лет стадию первичного становления, пока все же не сформировали полноправный третий сектор российской экономики. Можно выделить несколько основных факторов, которыми объясняется незрелость этого сектора в нашей стране:

1) пожертвования еще не стали неотъемлемой частью жизни российского общества и не являются привычным явлением ни для граждан, ни для бизнеса;

2) законодательство не поощряет налоговыми льготами коммерческую деятельность некоммерческих организаций, осуществляемую в целях выполнения миссии организации;

3) не являясь заметной частью экономики, НКО не стали влиятельным участником диалога с властью по вопросам законодательного и административного регулирования их деятельности;

4) российские НКО не привыкли рассматривать и анализировать свою деятельность с экономической точки зрения, то есть не как организаций, выполняющих социальную миссию, но как организаций, имеющих доходы и расходы, оценивая каждую свою программу с точки зрения экономической эффективности и возможной базы финансирования.

Российские НКО с разной степенью успешности используют следующие инструменты для привлечения финансирования:

1) традиционный, в том числе интернет-фандрайзинг;

2) проектный фандрайзинг, или целевое финансирование программ донорами, определяющими основные цели и параметры программ и контролирующими их реализацию;

3) государственные гранты;

4) коммерческая деятельность, соответствующая уставным целям НКО, в том числе осуществляемая дочерними хозяйственными обществами;

5) эндаумент (целевой капитал) – целевой фонд финансирования организации, создаваемый, как правило, за счет разовых частных и бизнес-пожертвований;

6) коммерческие займы.

Оценивая трудности применения вышеперечисленных инструментов, прежде всего следует упомянуть замкнутый круг взаимного влияния постоянной нехватки финансирования и невозможности привлечения высококвалифицированных кадров для управленческого и экономического штата российских НКО. В настоящее время обсуждается вопрос о совершенствовании системы финансирования некоммерческих организаций.

Литература

1. Белолюбская Г.С. О современном состоянии некоммерческого сектора в России // Известия Российского государственного педагогического университета им. А.И. Герцена.- 2010.- №120.-С.268-273

2. Доклад о развитии институтов гражданского общества в России // Информационный ресурс «Фонд развития гражданского общества» [Электронный ресурс] URL: http://civilfund.ru/mat/view/20#_ftn1

3. Информация о зарегистрированных некоммерческих организациях // Информационный ресурс «Министерство юстиции РФ » [Электронный ресурс] URL: http://unro.minjust.ru/NKOs.aspx

4. Итоговый доклад о результатах экспертной работы по актуальным проблемам социально-экономической стратегии России на период до 2020 года Некоммерческие организации // Информационный ресурс «Журнальный клуб Интелрос» [Электронный ресурс] URL: http://www.intelros.ru/pdf/strategiy2020-2012-1itog.pdf

5. Марцева Т.Г. Профайлинг как современная методика диагностики бизнес-процессов// Вестник Академии знаний. - 2012. -№ 3 (3). - С. 26-30.

6. Некоммерческие организации // Информационный ресурс «Помощь бизнесу» [Электронный ресурс] URL: http://bishelp.ru/svoe_delo/form/nekom.php

7. Спирина С., Спирин А. Соотношение внешних воздействий на финансовую устойчивость предприятий // РИСК: Ресурсы, информация, снабжение, конкуренция. 2013. №2 с. 225-228.

Марцева Т.Г.
кандидат экономических наук, НФ МГЭИ, НФ МВД
kalipso-dream@mail.ru
Самохин Р.В.
кандидат экономических наук, НФ МГЭИ

ИНТЕЛЛЕКТУАЛЬНАЯ СОБСТВЕННОСТЬ: СОВРЕМЕННОЕ СОСТОЯНИЕ И ЗАЩИТНЫЕ ФУНКЦИИ

Современный рынок технологий является кластером связующим потребности быстрого развития экономики и повышением конкурентных позиций как отдельных отраслей, так и национального хозяйства в общем.

Переход отечественной экономики от сырьевой к высокотехнологичной, современной и конкурентоспособной возможен на основе совершенствования и инновационной индустриализации отечественного производства через создание, внедрение и использование объектов рынка интеллектуальной собственности.

Одним из наиболее ярких проявлений современной экономики является возрастающая роль знаний и превращение их в один из важнейших ресурсов роста - интеллектуальный капитал. Новые знания могут увеличивать рыночную стоимость использующих их хозяйствующих субъектов. В связи с чем возникает потребность в научном исследовании экономических отношений интеллектуальной собственности в экономике, её форм, места, роли, взаимосвязи с другими видами собственности; методов оценки нематериальных результатов труда; разработке методических основ формирования рынка интеллектуального продукта и стратегии вовлечения интеллектуальной собственности в экономический оборот.

Интеллектуальная собственность представляет собой систему экономических отношений между субъектами по поводу использования средств и результатов нематериальной (интеллектуальной) деятельности[4].

Поскольку объект интеллектуальной собственности является своего рода продолжением или отражением личности субъекта научно-технической деятельности, то по поводу него возникают отношения двоякого рода «использование» и «распоряжение» результатами интеллектуальной деятельности. Сущность использования состоит в возможности правообладателя монопольно совершать действия по коммерческой эксплуатации материального объекта, приносящие экономические выгоды, и запрете третьим лицам совершать такие действия без разрешения правообладателя. Распоряжению присущи две функции: полная передача прав на нематериальные объекты другому лицу с прекращением прав прежнего правообладателя, и выдача разрешения (лицензии) на такое использование, когда прежний правообладатель сохраняет свои права хотя бы частично[5].

Российский рынок объектов промышленной интеллектуальной собственности является частью мирового рынка и инструментом международного сотрудничества. В XXI в. ни одна страна не может рассчитывать на самообеспечение всем арсеналом научных исследований, даже самая богатая. В этой связи в мире активно развиваются международная научно-исследовательская кооперация, миграция учёных и специалистов и лицензионная торговля как ведущий способ обмена результатами интеллектуальной деятельности на мировом рынке ОПИС. Мировой рынок объектов промышленной интеллектуальной собственности представляет собой систему международных экономических отношений между продавцами и покупателями по поводу использования научно-технических достижений, имеющих не только научную, но и прикладную практическую ценность (освоение на их основе производства новых товаров, предоставление новых видов коммерческих услуг и т.д.)[6]. В основе мирового рынка ОПИС лежат международные и национальные патентные законы и соглашения, охраняющие исключительные права на интеллектуальную собственность. При наличии сильного патентного законодательства страна вправе рассчитывать на получение выгод от участия в международном технологическом обмене.

С другой стороны, сильное патентное законодательство лишает страны, не обладающие большими запасами современных производственных патентов, возможности использовать интеллектуальную собственность развитых стран безвозмездно. Поэтому Россия, как и многие развивающиеся страны, оправданно применяет имитационную модель. Тем не менее, в долгосрочной перспективе для развивающихся стран, стремящихся модернизировать свою экономику, альтернативы цивилизованному национальному рынку объектов промышленной интеллектуальной собственности нет, так как доступ к передовым технологиям (как и инвестициям) можно получить, только принимая правила «игры» промышленно развитых стран, то есть при предоставлении защиты интеллектуальной собственности на национальном рынке.

По словам В. Лопатина (директор Республиканского научно-исследовательского института интеллектуальной собственности (РНИИИС)), преимущество в мировой конкуренции будет на той стороне, которая наращивает потенциал «четвертой корзины мировой торговли», т.е. «рынка интеллектуальной собственности, где наряду с товарами и услугами интеллектуальная собственность создает добавленную стоимость, позволяющую капитализировать активы компаний и привлекать новые инвестиции». Ежегодно от продажи запатентованной интеллектуальной собственности США получают 150 млрд долларов. Это - 12 % вклада в американское ВВП. 7-8% процентов к ВВП от продажи интеллектуальной собственности получает Германия, 20 % - Финляндия. Российский доход от оборота интеллектуальной собственности составляет лишь 1 % ВВП[2]. Рынок интеллектуальной собственности в России пока не сформирован, основная доля на нем приходится на товарные знаки. В настоящее время рынок гипертрофирован в сторону коммерциализации прав на товарные знаки, в 2011 году это составило более 75% всех сделок по распоряжению исключительными правами на объекты интеллектуальной собственности.

В условиях глобализации на мировом рынке, наряду с товарами, работами и услугами, «четвертую корзину» составляют права на результаты интеллектуальной деятельности – интеллектуальная собственность. Структура рынка в условиях перехода к новому шестому технологическому укладу и обострения конкурентной борьбы имеет устойчивую тенденцию к изменению к 2015 году в пользу роста доли рынка интеллектуальной собственности (15% ВВП). Обусловленность дальнейшего инновационного развития наличием цивилизованного рынка интеллектуальной собственности давно признана в США, Японии, Германии, затем в середине 1990-х годов в Китае, в 2010г. – в РФ, в 2011г. – в Европейском Союзе. Сегодня лидирующие позиции в мировой торговле интеллектуальной собственности занимают страны АТЭС: США, Япония и Китай.

Согласно Отчета ВОИС (2012) доля продукта «творческой» экономики, связанного только с авторскими и смежными правами (пресса и литература - 40,5%, программное обеспечение и базы данных - 23,2%, радио и телевидение - 12,2%, реклама - 8,6%, музыка и спектакли - 5,7%, организации коллективного управления авторскими правами -4,1%), в общем объеме ВВП 30 исследуемых стран составила в среднем 5,4%, в т.ч.: США – 11,1%, Австралия – 10,3%, КНР – 6,4%, РФ – 6,1%. При этом доля занятых в индустрии авторского права и смежных прав составила в среднем – 5,6%, в т.ч.: США – 8,2%, РФ – 7,3%, Украина (1,9%)[3].

Состояние рынка интеллектуальной собственности в России оценивается как стабильно застойное. Несмотря на развитие рыночных форм взаимодействия и появления разнообразных интересов как в сфере потребителей так и производителей конкурентные позиции многих предприятий слабы, что оправдано низкой заинтересованностью в инновационных технологиях. Заказы на научно-исследовательские и опытно-конструкторские разработки в основном формируются государством. Почти 75 процентов расходов на научные исследования оплачиваются из бюджетных средств. В развитых странах наблюдаются другие пропорции. Там доля средств госбюджета составляет не более 25 – 30 процентов, остальные деньги дают частные инвесторы. Соответственно, и значительная часть прав на результаты интеллектуальной деятельности в России закрепляется за государством. При этом в хозяйственном обороте находится менее 1 процента этой интеллектуальной собственности. Президент Российской Федерации В.В. Путин четко заявил, что нужно сократить перечень случаев, при которых происходит закрепление за государством прав собственности на результаты интеллектуальной деятельности. Этот подход уже нашел отражение в ряде официальных документов [1].

Теперь государственные заказчики будут безвозмездно передавать исполнителям заказов или другим хозяйствующим субъектам права на результаты интеллектуальной деятельности. Речь идет о правах на изобретения, которые были созданы за государственный счет. По сути, государство дарит частным собственникам свои права на результаты интеллектуальной деятельности в случае их активного внедрения. Фактически это означает начало масштабной приватизации интеллектуальной собственности. Это очень ответственный шаг. Государство ставит цель создать класс эффективных собственников, правообладателей результатов интеллектуальной деятельности. Конечно, при этом крайне важно продумать механизмы, которые бы не позволили новым собственникам перепродавать права зарубежным конкурентам.

Подводя итог и опираясь на мнение специалистов, а также интересы государственных институтов, на федеральном уровне необходим единый орган управления в сфере интеллектуальной собственности, наделенный полномочиями по регулированию сферы интеллектуальных прав по отношению ко всем видам интеллектуальной собственности.

При этом необходимо закрепить за ним функции по выработке и реализации государственной политики и нормативно-правовому регулированию в указанной сфере, оказанию государственных услуг по регистрации, охране результатов интеллектуальной деятельности и приравненных к ним средств индивидуализации, контролю, надзору и координации деятельности федеральных органов исполнительной власти. Таким единым органом в управлении сферы интеллектуальной собственности могла бы стать федеральная служба, созданная на базе Роспатента, при условии, что руководство ее деятельностью будет осуществляться непосредственно Правительством. При этом необходимость совершенствования полномочий в данной сфере продиктована не простой потребностью к реформированию, а необходимостью решения как минимум двух важнейших задач. Во-первых,[] необходимость формирования цивилизованного рынка интеллектуальных прав. Во-вторых, необходимость кардинального изменения пропорций расходов на науку.

На уровне Правительства принято решение считать целесообразным создание единого органа управления в сфере интеллектуальной собственности. Даны поручения подготовить соответствующие указы Президента и постановления Правительства, с учетом необходимости начала функционирования службы не позднее 1 июля 2014 года. Решение задач по управлению интеллектуальной собственностью – только первый шаг.

Следующим должно стать принятие государственной стратегии в данной сфере. В настоящее время разработан проект указа Президента «О совершенствовании государственной политики в области интеллектуальной собственности», который будет содержать четко сформулированные цели, задачи, стоящие перед страной в этой области. Их реализация возложена на создаваемую федеральную службу, при этом, что особенно важно, первоочередной задачей этого ведомства будет принятие и реализация долгосрочной государственной стратегии в области интеллектуальной собственности. В сфере интеллектуальной собственности уже были приняты прогрессивные меры, так, 25 июня 2013 года решением Правительства был утвержден план первоочередных мероприятий по развитию в области интеллектуальной собственности на 2013 – 2014 годы. Министерству образования и науки поручено координировать работу ответственных федеральных органов исполнительной власти.

С подачи Совета Федерации в указанный план в качестве первоочередной меры включена разработка региональных программ развития инфраструктуры и творческой активности специфических локальных производств и услуг. Правительство приняло принципиально важное решение - права на результаты, не используемые государственным заказчиком, должны быть переданы исполнителям заказов, а при отказе исполнителя любому хозяйствующему субъекту должна предоставляться безвозмездная неисключительная лицензия для коммерциализации на территории России. В целях реализации этого решения 30 мая этого года были внесены изменения в постановление Правительства № 233, утверждающие новые правила управления госзаказчиками правами на результаты интеллектуальной деятельности гражданского, военного, специального и двойного назначения. Таким образом, Россия осознает что невозможно игнорировать темпы развития современного рынка технологий которые представляют собой ориентир долгосрочного развития не только отдельного предприятия или отрасли, но и всей макроэкономической системы.

Литература

1. Заседание Совета по вопросам интеллектуальной собственности при председателе Совета федерации Федерального собрания РФ на тему «Роль российских регионов в развитии рынка интеллектуальных прав» // Информационный ресурс «Нева-патент» [Электронный ресурс] URL: http:// http://nevapatent.ru/wp-content/uploads/

2. В РЭУ прошел VI международный форум «Инновационное развитие через рынок интеллектуальной собственности»// «РЭУ» [Электр. ресурс]   URL: http://www.rea.ru//Main.aspx?page=REA_NEWS&NewsItem=8327

3.   Итоговый   документ   «Рекомендации   участников   V Международного   Форума   «Инновационное   развитие   через   рынок интеллектуальной собственности» // Информационный ресурс «ФИПС» [Электронный   ресурс]   URL: www1.fips.ru/wps/wcm/connect/content_ru/ru+/confers/press-reliz

4.   Литвинова   (Кузнецова)   Л.А.   Роль   интеллектуальной собственности в инновационном развитии предприятий / Л.А. Литвинова // Молодежь и наука: реальность и будущее : материалы II Междунар. науч.-практ. конф. (г. Невинномысск, 3 марта 2009 г.) / ред. кол.: В.А. Кузьмищев, О.А. Мазур, Т.Н. Рябченко, А.А. Шатохин : в 9 т. – Невинномысск : НИЭУП, 2009. – Т. VI. – С. 358–360

5. Марцева Т.Г., Самохин Р.В. Управление механизмом охраны и защиты объектов интеллектуальной собственности в рамках системы экономической безопасности страны (таможенный аспект)// Казанская наука.-2014.-№1.-С.77-80

6.Международные экономические отношения. Учебник/ Под ред. Б.М. Смитиенко. - М.: Инфра-М, 2008. -221с.

Беспахотных Л.А.
аспирант ГНУ НИИЭОАПК ЦЧР России Россельхозакадемии,
отдел маркетинга и рыночных отношений
lbespahotnyh@gmail.com

КЛАСТЕРНЫЙ ПОДХОД К ПОВЫШЕНИЮ КОНКУРЕНТОСПОСОБНОСТИ

В современных условиях предприятиям для обеспечения и повышения уровня конкурентоспособности уже недостаточно природных и экономических ресурсов, необходимо создавать и развивать конкурентные преимущества, которые в первую очередь связаны с инновациями и эффективным использованием потенциала предприятия и региона. Одной из форм организации деятельности предприятий, ориентированной на развитие потенциала и инноваций, является кластерный подход.

В условиях рыночно ориентированного общества кластерный подход – это особым образом организованное пространство, которое позволяет успешно функционировать и развиваться крупным фирмам, малым предприятиям, поставщикам (оборудования, комплектующих, специализированных услуг), объектам инфраструктуры, научно-исследовательским центрам, вузам и другим организациям. При этом достигается синергетический эффект, поскольку участие конкурирующих структур становится взаимовыгодным.

Наиболее развитые кластеры имеют пять принципиальных характеристик:
1. Наличие конкурентоспособных предприятий.
2. Наличие в регионе конкурентных преимуществ для развития кластера.
3. Географическая концентрации и близость.
4. Широкий набор участников и наличие «критической массы».
5. Наличие связей и взаимодействия между участниками кластеров.

Преимущества кластеризации предприятий в регионе проявляются не только на микроуровне, но и на уровне экономике всего региона и государства в целом (таб.1).

Для эффективно функционирующих кластеров характерно наличие трех ключевых элементов. Во-первых, присутствие предприятий-лидеров, экспортирующих свою продукцию за пределы кластера. Во-вторых, наличие развитой сети снабжения, обеспечивающей лидеров необходимыми товарами и услугами. И наконец, третий важный элемент - бизнес-климат – инфраструктура, система доступа к качественным человеческим ресурсам, к рынкам капитала, система налогообложения, административные барьеры, транспортная инфраструктура, наличие научно-исследовательских институтов и центров.

Таблица 1. Преимущества кластерного подхода

Преимущества кластеров для предприятий-участников кластера	Преимущества кластеров для региональной и государственной экономики
1. Снижение барьеров входа в отрасль	1. Выявление проблем экономики региона
2. Снижение затрат за счет эффекта масштаба	2. Доступ к статистической и аналитической информации
3. Возможность задействовать органы власти в решении общих вопросов	3. Создание эффективных механизмов взаимодействия государства и бизнеса
4. Возможность распространить конкурентоспособность ведущей компании кластера на ближайшее окружение, постепенно создавая устойчивую сеть из лучших поставщиков и потребителей	4. Усиление действия мультипликативного эффекта в регионе, заключающегося в положительном воздействии кластера на конкурентную среду региона
5. Активизация инновационной деятельности, развитие прогрессивных технологий за счет тесных связей с их разработчиками	5. Воплощение достижений науки и образования в реальном производстве
6. Минимальное время от появления идеи до практического воплощения, оптимизация производственно-технологического процесса	6. Постепенная интеграция региона в глобальную хозяйственную систему страны
7. Согласование требований к поставщикам	7. Усиление независимости региона от экономической ситуации за его границами
8. Доступ малых предприятий к результатам высоко капиталоемких специализированных исследований, инвестированных за счет средств всех участников кластера, а, следовательно, возможность выстоять в обостренной конкурентной борьбе на глобализированных рынках, выход на зарубежные рынки	8. Стимулирование развития малого и среднего предпринимательства в регионе
9. Сохранение хозяйственной самостоятельности и возможности осуществлять внутрикластерную конкуренцию	9. Рост числа фирм вокруг кластера, как следствие – увеличение занятости, уровня заработной платы, отчислений в бюджеты разных уровней
11. Интенсивный обмен информационными, финансовыми, кадровыми, инновационными ресурсами	10. Появление экономических предпосылок для перехода от политики выравнивания социально-экономического развития территорий к политике поддержки регионов - лидеров
11. Расширение возможностей для привлечения инвестиций	11. Эффект масштаба и эффект агломерации, которые создают в регионах - лидерах импульсы для развития других регионов

Немаловажную роль в формировании эффективных кластеров играет государство в лице органов местного самоуправления, одной из основных целей которых является повышение конкурентоспособности местных предприятий. Для достижения данной цели усилия органов местного самоуправления должны быть на реализацию следующих задач:

- информационно-аналитическая поддержка,
- нормативно-правовая поддержка,
- административная поддержка,
- налогово-бюджетная и кредитная поддержка,
- инвестиционная поддержка,
- развитие инновационной составляющей,
- развитие инфраструктуры,
- развитие кадрового потенциала.

Только совместные усилия органов местного самоуправления и бизнес-сообщества позволяют достичь высокого уровня эффективности функционирования кластеров, который проявляется в следующих направлениях:

- повышение производительности и конкурентоспособности компаний;

- повышение инновационного потенциала;

- стимулирование новых компаний, в частности, малых форм бизнеса;

- повышение конкурентоспособности и экономическое развитие региона;

- стимулирование притока инвестиций;

- обеспечение занятости в регионе, положительное изменение ее структуры, повышение уровня заработной платы.

Кластерный подход к организации деятельности предприятий предоставляет современный и эффективный инструмент для достижения основных целей как на микроуровне, так и на уровне региона и страны в целом.

Список литературы:

1. Ларионова Н.А. Кластерный подход в управлении конкурентоспособностью региона// Экономический вестник Ростовского государственного университета, 2007.-№1.

2. Пятинкин С.Ф. Развитие кластеров: сущность, актуальные подходы, зарубежный опыт// авт. –сост. С.Ф. Пятинкин, Т.П. Быкова. Минск: Тесей, 2008.

3. Агарова Е.Г. Кластерный подход как инструмент устойчивого развития сельских территорий//Молодой ученый.-2012.-№4.

Волков С.К.
к.э.н., доцент кафедры «Мировая экономика и экономическая теория»
Волгоградского государственного технического университета,
г. Волгоград
Трубачева О.И.
студентка кафедры «Мировая экономика и экономическая теория»
Волгоградского государственного технического университета,
г. Волгоград

ФАКТОРЫ РАЗВИТИЯ МЕЖДУНАРОДНОГО ТУРИЗМА В УСЛОВИЯХ ГЛОБАЛИЗАЦИИ

В настоящее время туризм является одной из наиболее динамично развивающихся форм международной торговли услугами. Среднегодовые темпы роста числа прибытий туристов в мире в последние 20 лет составляли около 4-5%, валютных поступлений - 14% . Согласно данным Всемирной туристической организации (ВТО) о международном туризме, в 2007 г. по всему миру путешествовало около 900 млн. человек (согласно прогнозам, этот показатель достигнет 1,6 млрд. чел. к 2020 г.).

Туризм - это экономическое, социальное и политическое явление, значимо влияющее на мироустройство и экономику многих стран и регионов. Значение туризма в мировом хозяйстве постоянно растет, что связанно с ростом влияния этой сферы деятельности на экономику многих стран мира, где она выполняет ряд важных функций.

Международный туризм — это система путешествий и обменов, осуществляемая на основе межгосударственных договоров с учетом действующих международных норм. Международный туризм, как одна из форм международных экономических отношений, приобрел в современных условиях огромные масштабы. На его развитие оказывает влияние процесс глобализации, но и он стал оказывать существенное влияние на политические, экономические и культурные связи между государствами.

Международный туризм развивается под влиянием множества факторов. Можно их разделить на три группы.

К демографическим факторам относят: рост населения мира, а также процесс урбанизации, приводящий к концентрации населения в городских поселениях, в результате чего у людей формируется стереотип более подвижного образа жизни, так как жители крупных городов остро чувствуют необходимость в смене обстановки для восстановления физических и духовных сил. В условиях глобализации, а также развития средств массовой информации (радио, телевидения, Интернет) возрастает интерес друг к другу людей разных стран, и не только имеющих общий родственный язык, что может быть связано с общностью интересов и вкусов.

Экономические факторы связаны с общим развитием мировой экономики, в которой наблюдается устойчивая тенденция к росту производства услуг по сравнению с производством товаров и, как следствие, к увеличению доли потребления услуг. К экономическим факторам относятся также внедрение достижений научно-технического прогресса во всех отраслях сферы услуг и транспорта. Развитие материально-технической базы международного туризма, создание новых форм приема и обслуживания туристов также в значительной степени способствует интенсификации туристских передвижений. Растут и доходы населения.

Социальные факторы - это факторы, связанные с изменениями в условиях жизни и деятельности человека. Прямое воздействие на развитие международного туризма оказывает увеличение продолжительности отпуска, в том числе имеющая место в отдельных странах тенденция деления отпуска на две части, что позволяет в течение года совершать не одно, а два путешествия. Развитию туризма способствует также понижение возраста выхода на пенсию, когда еще не очень старые люди, уже воспитавшие детей, при этом не утратившие интереса к жизни, могут позволить себе странствовать, и путешествовать.

Иными словами в основе развития международного туризма в условиях глобализации лежат следующие факторы и предпосылки:

- экономический рост и социальный прогресс, которые привели к расширению объема как деловых поездок населения разных стран, так и поездок с познавательными целями;

- совершенствование всех видов транспорта (что способствовало расширению географии путешествий и снижению их стоимости);

- повышение культурного уровня и уровня доходов населения в развитых странах, в т.ч. интенсификация труда и получение трудящимися более продолжительных отпусков;

- развитие межгосударственных связей и культурных отношений между странами (что привело к расширению межличностных связей между и внутри регионов мира);

- развитие непосредственно сферы услуг, что в свою очередь стимулировало развитие сферы перевозок и технологический прогресс в области телекоммуникаций;

- ослабление ограничений на вывоз валюты во многих странах и упрощение пограничных формальностей;

- развитие информационных технологий (в т.ч. доступность информации о туризме в Интернет; развитие электронной торговли и др.); расширяющиеся интеграционные связи в разных регионах мира (беспрепятственное передвижение населения в рамках интеграционных блоков и союзов) и т.д.

- общее изменение геополитической ситуации на планете.

В настоящее время туристский бум охватил весь мир, что, безусловно, связано с развитием транспорта, процессом урбанизации, с общим повышением уровня благосостояния и качества жизни населения, с ростом познавательного интереса у широких слоев населения разных стран мира, с развитием культурных контактов в условиях глобализации мировой экономики. С помощью туризма развиваются межгосударственные связи и культурный обмен между странами.

В настоящее время индустрия туризма - одна из наиболее динамично развивающихся отраслей мирового хозяйства. В условиях глобализации, продолжающегося развития международной экономической интеграции, дальнейшего углубления международного разделения труда, роста культурных, научных, спортивных и других межгосударственных контактов, стремления народов к общению и использованию опыта других стран в создании материальных и духовных ценностей международный туризм претерпел качественные изменения.

Глобализация выражается в растущей взаимозависимости стран в мире в результате увеличивающегося объема и разнообразия трансграничного движения товаров и услуг, а также быстрого и широкого распространения всех видов технологий. Обобщающим показателем роста интернационализации экономической жизни является рост международной торговли. В этом смысле торговля услугами, в том числе туристическими, не является исключением.

Литература:

1. Волков, С.К. Единая политика Европейского союза в области туризма? / С.К. Волков, Е.Г. Попкова // Современная экономика: проблемы и решения. - 2010. - № 9. - С. 8-16.

2. Волков, С.К. Туристская индустрия Волгоградской области: анализ преимуществ и слабых сторон / С.К. Волков // Национальные интересы: приоритеты и безопасность. - 2010. - № 34. - С. 65-68.

3. Волков, С.К. Туристская индустрия Шотландии: отличительные признаки и особенности развития / С.К. Волков // Изв. ВолгГТУ. Серия "Актуальные проблемы реформирования российской экономики (теория, практика, перспектива)". Вып. 10 : межвуз. сб. науч. ст. / ВолгГТУ. - Волгоград, 2010. - № 13. - С. 129-135.

4. Волков, С.К. Европейский туризм как эффективная отрасль экономики / С.К. Волков // Современная Европа. - 2011. - № 2 (апрель-июнь). - С. 79-93.

5.   Волков, С.К. Перспективы развития регионального рынка туристских услуг в контексте вступления России в ВТО / С.К. Волков // Региональная экономика: теория и практика. - 2013. - № 12 (март). - С. 10-15.

6.   Волков, С.К. Российская Федерация как туристское направление: проблемы продвижения и пути решения / С.К. Волков // Региональная экономика: теория и практика. - 2013. - № 4. - С. 57-62.

Волков С.К.
к.э.н., доцент кафедры «Мировая экономика и экономическая теория» Волгоградского государственного технического университета, г. Волгоград
Чулкова В.С.
студентка кафедры «Мировая экономика и экономическая теория» Волгоградского государственного технического университета, г. Волгоград

К ВОПРОСУ О СУЩНОСТИ КОРПОРАТИВНОЙ СОЦИАЛЬНОЙ ОТВЕТСВЕННОСТИ

Несмотря на постоянно возрастающий интерес к корпоративной социальной ответственности, следует отметить, что сама сущность явления до настоящего времени толкуется довольно многообразно — различные авторы придерживаются своих позиций и их точки зрения порой серьезно расходятся.

Объединение корпораций США «Бизнес за социальную ответственность» дает следующее определение сущности КСО: «Корпоративная социальная ответственность означает такое ведение бизнеса, которое соответствует этическим, законодательным нормам и общественным ожиданиям или даже превосходит их» [1].

Европейская комиссия определяет сущность КСО таким образом: «Корпоративная социальная ответственность по своей сути является концепцией, которая отражает добровольное решение компаний участвовать в улучшении общества и защите окружающей среды» [2].

Всемирный совет по устойчивому развитию считает, что «...корпоративная социальная ответственность — это приверженность бизнеса концепции устойчивого экономического развития в работе со своими сотрудниками, их семьями, местным населением, обществом в целом с целью улучшения качества их жизни» [3].

М. Ван Марревийк трактует сущность КСО по-своему: «КСО - это включение социальных и экологических вопросов в процесс бизнеса и его взаимодействие с заинтересованными сторонами» [3].

Консультативная группа Международной организации по стандартизации (ISO) Advisory Group определяет КСО как «...сбалансированный подход, позволяющий организациям решать экономические, социальные и экологические проблемы с пользой для персонала, местного населения и общества в целом» [4].

Проанализировав различные определения корпоративной социальной ответственности организаций, можно сделать вывод, что данное понятие включает в себя: ответственность организации перед партнерами; социальные аспекты взаимодействия с поставщиками и покупателями продукции и услуг; корпоративное развитие — проведение реструктуризации и организационных изменений с участием представителей высшего менеджмента компаний, персонала и общественных организаций; здоровье и безопасность персонала на рабочем месте; ответственную политику в отношении работников, управление развитием персонала; экологическую ответственность, экологическую политику и использование природных ресурсов; взаимодействие с местными органами власти, государственными структурами и общественными организациями для решения общих социальных проблем; ответственность организации перед обществом в целом.

Корпоративная социальная ответственность – феномен присущий только рыночной экономике. В отличие от юридической ответственности это добровольный отклик компаний на социальные нужды общества. К ним можно отнести: благотворительность, социальные программы, участие в защите окружающей среды, забота о сотрудниках и многое другое.

Концепция корпоративной социальной ответственности является составной частью стратегического управления, направленного на устойчивое функционирование корпорации. Поэтому следование основным положениям концепции позволяет сформировать более благоприятную деловую среду корпорации за счет достижения консенсуса со всеми заинтересованными сторонами, в том числе деловыми партнерами, потребителями, собственным персоналом, региональными и местными органами власти и сообществами, а также представителями широких кругов общественности.

Достигнутый баланс интересов всех заинтересованных сторон становится основой роста конкурентоспособности компании, что, в свою очередь, в долгосрочной перспективе неизбежно влияет в положительном смысле на основные показатели ее деятельности, в том числе объемы продаж, прибыль и капитализацию. Нельзя не отметить, что в результате социально ответственной деятельности экономических субъектов повышается устойчивость и конкурентоспособность самого субъекта, а также устойчивость и конкурентоспособность региональной экономической системы в целом. При этом рост устойчивости регионального развития происходит в первую очередь за счет экономического роста региона, стабильной наполняемости бюджета, улучшения экологической обстановки и сбережения природных ресурсов, а также за счет повышения уровня и качества жизни населения, а рост конкурентоспособности становится следствием развития новой территориальной рыночной среды и реализации совместных управленческих решений и проектов власти и бизнеса.

Исходя из этого, можно считать, что корпоративная социальная ответственность представляет собой один из механизмов функционирования компании, служащий инструментом повышения устойчивости и конкурентоспособности, как самого субъекта, так и всей региональной экономической системы.

Несмотря на многочисленные плюсы корпоративной социальной ответственности, ее противники выделяют отрицательные стороны данного феномена. Нарушается принцип максимизации прибыли; увеличивается статья расходов на социальную вовлеченность; неспособность разрешить многие социальные проблемы, из-за отсутствия опыта у персонала в решении подобных проблем социального характера.

Но все же, можно приводить множество примеров того, как благоприятно на общественную жизнь действует участие организаций в ней. Например, участие в хозяйственной и культурной жизни Царицына активно принимал владелец горчичных заводов, промышленник В.М. Миллер. Благодаря нему в Царицыне был создан музыкальный театр "Конкордия". Также по его инициативе проводились ежегодно рождественские и пасхальные благотворительные ярмарки. На продажу выставлялись рукоделия приютских детей и барышень из состоятельных семей.

Я считаю, что корпоративная социальная ответственность является залогом прогресса не только самих организаций, но и региона в целом. Поэтому государственные и муниципальные органы управления, общественные объединения, политические партии, СМИ должны всячески поддерживать и направлять стремление бизнеса в участии социального характера.

Любая организация является открытой системой и активно взаимодействует с внешней средой. Она существует в обществе и благодаря обществу, поэтому очень важно выстраивание гармоничных отношений между ними. Именно корпоративная социальная ответственность может позволить стереть границы между бизнесом и человеком.

Список литературы:
1. Ивченко С.В. Город и бизнес: формирование социальной ответственности российских компаний / С.В.Ивченко, М.И.Либоракина, Т.С.Сиваева. - М.: Фонд Институт экономики города, 2003.- 136с.
2. Стрижов С.А. Бизнес в социальном измерении / С.А. Стрижов. // Социология власти.- 2005.- №6.- С. 113-121.
3. Кричевский Н.А. Корпоративная социальная ответственность / Н.А. Кричевский, С.Ф.Гончаров.- М.: Дашков и К., 2007.- 216с.
4. Гуняева Н. Международные стандарты в области социальной ответственности / Н. Гуняева // Стандарты и качество.- 2004.- №10.- С. 6065.

Березкин Д.И.
аспират Финансового университета
при Правительстве Российской Федерации

ИЗМЕНЕНИЕ РОЛИ ОБОСНОВАНИЙ БЮДЖЕТНЫХ АССИГНОВАНИЙ В УСЛОВИЯХ ПЕРЕХОДА К ПРОГРАММНОМУ ФОРМАТУ ФЕДЕРАЛЬНОГО БЮДЖЕТА

Правовые основания перехода к формированию бюджетов на основе программно-целевого принципа заложены в новом законе от 7 мая 2013 г. № 104-ФЗ «О внесении изменений в Бюджетный кодекс Российской Федерации и отдельные законодательные акты Российской Федерации в связи с совершенствованием бюджетного процесса».

Указанный закон устанавливает возможность распределения бюджетных ассигнований по государственным программам Российской Федерации.

Государственная программа – это «система мероприятий (взаимоувязанных по задачам, срокам осуществления и ресурсам) и инструментов государственной политики, обеспечивающих в рамках реализации ключевых государственных функций достижение приоритетов и целей государственной политики в сфере социально-экономического развития и безопасности»[1].

До настоящего времени цели, задачи и количественные показатели их выполнения отражались в докладах о результатах и основных направлениях деятельности, а также в обоснованиях бюджетных ассигнований.

Вместе с тем, применение докладов о результатах и основных направлениях деятельности и обоснований бюджетных ассигнований характеризовалось недостаточным их использованием при составлении проекта федерального бюджета на очередной финансовый год и на плановый период и при принятии бюджетных решений.

Действующее законодательство формально не предусматривало обязательного учета сведений, представленных в докладах о результатах и основных направлениях деятельности и в обоснованиях бюджетных ассигнований, при рассмотрении бюджетных заявок главных распорядителей средств федерального бюджета.

При этом укрупнение бюджетной классификации, внедрение программно-целевого подхода к управлению общественными финансами, расширение самостоятельности участников бюджетного процесса при принятии бюджетных решений – атрибуты, характерные для программного бюджетирования, правовые основы которого установлены новым законом, приводит к необходимости более ответственного подхода к определению объемов бюджетных ассигнований на реализацию расходных обязательств как действующих, так и принимаемых.

В этой связи Министерству финансов Российской Федерации потребуется больше информации, на основе которой рассчитываются объемы бюджетных ассигнований, предлагаемых к включению в проект бюджета, а также на этапе его исполнения.

Таким образом, внедрение программного принципа управления государственными финансами, основанного на государственных программах, неотъемлемой частью которых является система целей, задач и показателей, предполагает изменение роли обоснований в бюджетном процессе.

По сути обоснования бюджетных ассигнований в новом формате должны представлять из себя расчет объемов бюджетных ассигнований, предлагаемых главными распорядителями средств федерального бюджета к включению в проект федерального бюджета на очередной финансовый год и на плановый период.

В этой связи в обоснованиях бюджетных ассигнований нового формата будет регламентирован порядок расчета объемов бюджетных ассигнований федерального бюджета на очередной финансовый год и на плановый период.

Структура обоснований бюджетных ассигнований основана на следующих критериях: экономическое содержание; порядок расчета; аналитический признак; отраслевые особенности.

Экономическое содержание определяется видом расходов, по которому отражается бюджетное ассигнование.

Укрупненно бюджетные расходы по экономическому содержанию можно классифицировать следующим образом: 1) расходы на выплаты персоналу в целях обеспечения выполнения функций государственными органами, казенными учреждениями, органами управления государственными внебюджетными фондами; 2) закупка товаров, работ и услуг для государственных нужд; 3) социальное обеспечение и иные выплаты населению; 4) бюджетные инвестиции; 5) межбюджетные трансферты; 6) предоставление субсидий федеральным бюджетным, автономным учреждениям и иным некоммерческим организациям;7) обслуживание государственного долга Российской Федерации 8) иные бюджетные ассигнования

В соответствии с порядком применения классификации расходов бюджетов бюджетной системы Российской Федерации, утвержденным приказом Минфина России от 1 июля 2013 года № 65н, указанные пункты детализируются на более конкретные виды бюджетных расходов в зависимости от их экономического содержания.

Порядок расчета объемов бюджетных ассигнований определяется экономическим содержанием и находит отражение в формах для заполнения главными распорядителями бюджетных средств с встроенными формулами.

Таким образом, формы обоснований бюджетных ассигнований и закладываемые в них формулы расчета объемов бюджетных ассигнований федерального бюджета зависят от вида расходов классификации расходов бюджетов.

Порядок расчета объемов бюджетных ассигнований имеет отраслевые особенности.

Например, при расчете объемов бюджетных ассигнований на предоставление субсидий на финансовое обеспечение оказания государственных услуг (выполнения работ) федеральным бюджетным учреждениям, осуществляющим образовательную деятельность, оказывающим услуги в сфере здравоохранения или культуры, важен перечень государственных услуг, в разрезе которых осуществляется расчет нормативов затрат на их предоставление, единые нормативы затрат, поправочные коэффициенты.

Обоснования бюджетных ассигнований также содержат различные аналитические признаки, дополнительно необходимые для принятия бюджетных решений при планировании бюджетных ассигнований и при исполнении бюджета.

В частности, при расчете объемов бюджетных ассигнований на предоставление субсидий федеральным бюджетным учреждениям на финансовое обеспечение выполнения государственного задания на оказание государственных услуг (выполнение работ) подлежат заполнению главными распорядителями средств федерального бюджета:

- наименования учреждений (групп учреждений) – в целях мониторинга ситуации с установлением единых нормативов затрат;

- расходы на оплату труда и начисления на выплате по оплате труда – с целью мониторинга уровня оплаты труда в федеральных бюджетных учреждениях, а также обеспечения возможности индексации указанной суммы при расчете объемов бюджетных ассигнований на указанные цели в рамках формирования проекта федерального бюджета на очередной финансовый год и на плановый период.

Таким образом, на очередном этапе бюджетной реформы, сопровождающейся переходом на программное бюджетирование, укрупнением бюджетной классификации, повышением свободы и ответственности участников бюджетного процесса при использовании бюджетных ресурсов, претерпит изменения роль и формат представления такого инструмента бюджетирования, ориентированного на результат, как обоснования бюджетных ассигнований.

Обоснования бюджетных ассигнований должны приобрести роль оперативного инструмента, который позволит обеспечить текущую результативность и обоснованность объемов бюджетных ассигнований при формировании и исполнении федерального бюджета, более точное определение потребностей в бюджетных ресурсах для достижения целей и задач государственных программ Российской Федерации, а также регулярное формирование и поддержание в актуальном состоянии массива информации для участников бюджетного процесса и Министерства финансов Российской Федерации, который позволит принимать решения по оптимизации расходов федерального бюджета.

Ссылки:

[1] Постановление Правительства Российской Федерации от 2 августа 2010 г. № 588 «Об утверждении Порядка разработки, реализации и оценки эффективности государственных программ Российской Федерации».

Список использованной литературы:

1. Бюджетный кодекс Российской Федерации (в ред. федерального закона от 7 мая 2013 года № 114-ФЗ);
2. Постановление Правительства Российской Федерации от 2 августа 2010 г. № 588 «Об утверждении Порядка разработки, реализации и оценки эффективности государственных программ Российской Федерации»;
3. Приказ Минфина России от 1 июля 2013 г. № 65н «Об утверждении Указаний о порядке применения бюджетной классификации Российской Федерации»;
4. Приказ Минфина России от 25 декабря 2013 г. № 137н «О порядке представления главными распорядителями средств федерального бюджета обоснований бюджетных ассигнований»;
5. Официальный сайт Минфина России www.minfin.ru.

Yakovenko O.P.

Postgraduate of "Economics Theory and Finance" department of Donbas
National Academy of Civil Engineering and Architecture

SOCIAL RESPONSIBILITY IN THE MODERN SOCIETY: INSTRUMENTS AND DEVELOPMENT EFFECT

Social responsibility – is an imposed on or voluntarily taken obligation concerning social problems solution on the any level of State economy structure, based on cooperation, harmonic coexistence, interactions of such person with authorities, business and society representatives.

Imposed on business-structure or voluntarily taken obligation concerning social problems of the society solution on the any level of State economy structure, based on systematic, voluntary cooperation, harmonic coexistence of such business-entity with other business, authority and society representatives.

Thus, subjects of social-responsible activity take on themselves specific obligation concerning prosperity of the society.

The aforementioned definition concludes that social responsibility is realized on every hierarchical level, i.e. the specific effect on every economic level is achieved due to strategies realization by social-responsible subjects with the help of special instruments (Figure 1).

The effect is usually denotes the receiving of definite benefits (moral or material) which allows to satisfy one or another needs [1]. It follows therefrom that effect of the strategy realization by social-responsible subjects, will result in receiving of social benefits, which would allow to satisfy one or another needs.

Generally, the instrument is a mean (or activity) for achieving of something (goals, effects, results), which help to alternate the objects state, implement actions for attaining economic and or social results [2]. Then, the instrument of social responsibility is a mean for achieving social goals.

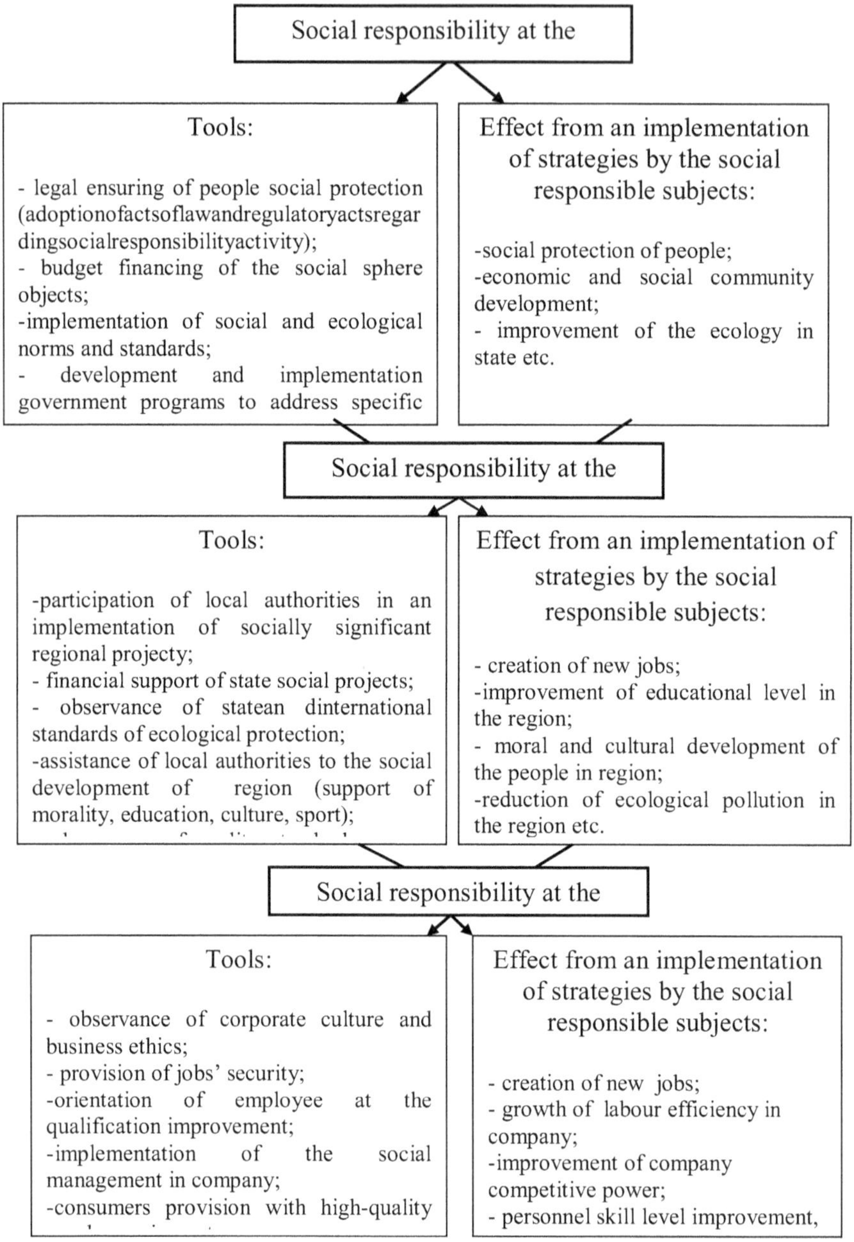

Figure 1. Manifestation of social responsibility at different hierarchical levels

Since the social responsibility is realized at the every level of economics hierarchy, the instruments and received effect will differ, because of every hierarchical level corresponds its goals, tasks, possibilities, resources, powers.

For example, at macro-level the instrument is represented with social and economic standards, while at micro-level, it represented with the observance of corporate culture or work place security.

The same stands for the effect. While at macro-level the effect is in ensuring of society social development, and the company's image improvement at micro-level.

Literature:

1. Великий тлумачний словник сучасної української мови (з дод. і допов.) / Уклад. і голов. ред. В.Т. Бусел. — К.; Ірпінь: ВТФ «Перун», 2005. — 1728 с.

2. Большой экономический словарь: 25000 терминов / Под ред. А.Н. Азрилияна. - 7-е изд., доп., 2010.- 1472 с.

Oksana V. Veretennykova
Candidate of Economics (Ph.D.), Associated Professor of the Economic
Theory and Finance Department,
Donbas National Academy of Civil Engineering and Architecture

REGIONAL TARGET PROGRAM OF INVESTMENT DEVELOPMENT AS A MANAGEMENT TOOL OF SOCIUM REPRODUCTION

The necessity of social and economic changes in Ukraine, whose topicality is defined by modern requirements, stipulates the expediency of using of up-to-date management tools of territorial strategic development.

The issues of state and regional planning, development of target programs as a means to solve the most important problems of territorial development, and their socium reproduction are referred to by national and foreign scientists in their papers.

Despite the considerable amount of scientific papers devoted to the aggregate of regional problems, there is no absolute certainty of theoretical and methodological background for the development and realization of target programs as a management tool of socium reproduction. This explains low efficiency of the process, which in its turn determines the necessity for further investigations in this direction.

In the last few years, the role of space in social development has increased considerably. This is caused by the realization of its functional purpose not only as a territory where a certain number of entities are concentrated to realize their own targets, but as a complex bio-social and economic system which "due to its own differentiated features actively influences decision making concerning directions and space use intensity" [1, 6].

In Ukraine, the activity of entities in this sphere is primarily regulated by the Law of Ukraine On State Target Programs; the Order of the Ministry of Economics and European Integration of Ukraine On Confirmation of the Temporary Methodological Recommendations as to the Development of State Target Programs; the Order of the Ministry of Economics of Ukraine On the Confirmation of the Methodological Recommendations as to the Development of the Regional Target Programs, Their Monitoring and Reporting; the Order of the Ministry of Economics of Ukraine On Information Interchange Procedure between the Executives of State Target Programs and their Coordination, and other regulatory acts.

Regional state program is a complex of interrelated tasks and actions agreed upon concerning terms and resources provision by all the executives involved, and aimed at solution of the most topical issues of the region or particular branches of economy or social and cultural sphere [2].

Programs of investment development rank specific among all regional target programs, because the solution of the majority of social and economic problems of different territorial entities involves investments which should be carried out in conformity with other actions of regional strategic development by all available means.

To ensure quantitative and qualitative territorial socium reproduction is one of the major problems in Ukraine as well as other countries. Realization of this process requires an obligatory supply of capital whose use is to create conditions to form progressive tendencies in demographic processes and qualitative population reproduction, in rise in productiveness of human resources in manufacturing process etc. However, the investment resources availability on this or that territory is not a guarantee for successful solution of reproduction problems. Utilization of the resources should be carried out in conformity with terms, procedures and conditions of financing of other program actions on a certain territory; through coordination of joint actions by local executive bodies and self-government bodies, enterprises, institutions and organizations. Development and precise realization of regional target programs enable to achieve such conformity.

Practice research of development of similar programs in Ukraine testifies to the lack of attention to the possibility of solution of socium reproduction problem in most regions, which considerably reduces the possibility of solving problems of quantitative and qualitative reproduction of population.

References

1. Збірник «Регіональний розвиток та просторове планування територій: досвід України та інших держав-членів Ради Європи» // В.С. Куйбіда, В.А.Негода, В.В.Толкованов. – Київ, Видавництво «Крамар», 2009, 170 с.

2. Про затвердження Методичних рекомендацій щодо порядку розроблення регіональних цільових програм, моніторингу та звітності про їх виконання: Наказ Міністерства економіки України N 367, 04.12.2006 [Електронний ресурс]. – Режим доступу: http://zakon.nau.ua/doc/?uid=1022.3909.1

Усенко Л.Н.
д.э.н., профессор, заслуженный деятель науки РФ, проректор по научной
работе и инновация ФГБОУ ВПО «РГЭУ (РИНХ)»
nauka@rsue.ru
Бухов Н.В.
аспирант кафедры анализа хозяйственной деятельности и прогнозирования
ФГБОУ ВПО «РГЭУ (РИНХ)»
hfsentinel@gmail.com

FUNCTION ANALYSIS SYSTEM TECHNIQUE

Modern Economic growth couldn't be completely realized without systematic improving of economic analysis and its methods. Value analysis (VA) is the one of the most innovative and actual methods to increase the performance of modern companies. Value analysis accumulates features of the basic economic analysis and innovative technical and inventive attributes. The very core of VA is the effort to determine and eliminate those characteristics of products or services with no real value for the customer or the product, but which, nevertheless, cause costs in the production process or service delivery. Therefore, the VA process ensures a better product or service for the customer at minimal costs compared to replacing the existing product with a less favourable alternative [1].

Function Analysis System Technique (FAST) is an evolution of the value analysis process created by Charles Bytheway. FAST permits people with different technical backgrounds and skills to communicate effectively and resolve issues that require multi-disciplined considerations. FAST builds upon VA by linking the simply expressed, verb-noun functions to describe complex systems.

FAST is not an end product or result, but rather a beginning. FAST includes and accumulates great and highly filtered information which is collected through the "Informational Stage" of VA. FAST describes the item or system under study and causes the team to think through the functions that the item or system performs, forming the basis for a wide variety of subsequent approaches and analysis techniques. FAST contributes significantly to perhaps the most important phase of value engineering: function analysis. FAST is a creative stimulus to explore innovative avenues for performing functions. The importance of the FAST approach is that it graphically displays function dependencies and creates a process to study function links while exploring options to develop improved systems. The FAST model has a horizontal directional orientation described as the HOW-WHY dimension. This dimension is described in this manner because HOW and WHY questions are asked to structure the logic of the system's functions. Starting with a function, we ask HOW that function is performed to develop a more specific approach. This line of questioning and thinking is read from left to right. To abstract the problem to a higher level, we ask WHY is that function performed. This line of logic is read from right to left.

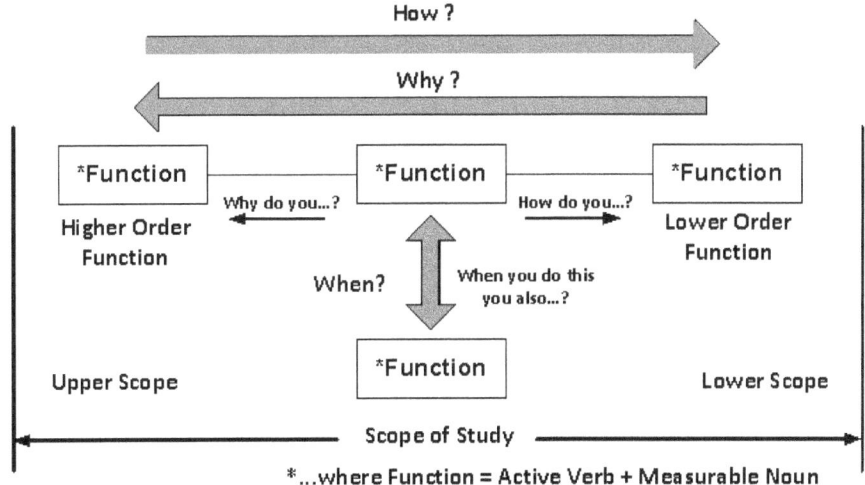

Figure 1 – Typical FAST pattern [3]

Scope lines represent the boundaries of the study and are shown as two vertical lines on the FAST model. The scope lines bound the "scope of the study", or that aspect of the problem with which the study team is concerned. The left scope line determines the basic function(s) of the study. The basic functions will always be the first function(s) to the immediate right of the left scope line. The right scope line identifies the beginning of the study and separates the input function(s) from the scope of the study. The development of a FAST diagram is a creative thought process which supports communication between team members.

All functions to the right of the basic function(s) portray the conceptual approach selected to satisfy the basic function. The concept describes the method being considered, or elected, to achieve the basic function(s). The concept can represent either the current conditions (as is) or proposed approach (to be). As a general rule, it is best to create a "to be" rather than an "as is" FAST Model, even if the assignment is to improve an existing product. This approach will give the product development team members an opportunity to compare the "ideal" to the "current" and help resolve how to implement the differences. Working from an "as is" model will restrict the team's attention to incremental improvement opportunities. An "as is" model is useful for tracing the symptoms of a problem to its root cause, and exploring ways to resolve the problem, because of the dependent relationship of functions that form the FAST model.

The development of a FAST diagram helps teams to:

- Develop a shared understanding of the project
- Identify missing functions.
- Define, simplify and clarify the problem.
- Organize and understand the relationships between functions.
- Identify the basic function of the project, process or product.
- Improves communication and consensus.
- Stimulate creativity [3].

As we can see, FAST is an essential part of the whole VA process, which helps the team to understand the whole scope of research and provides users with reliable information about the object under investigation. We emphasize that the FAST is an inherent part of VA that forms the scope of research and leads the Group for a high-quality results.

Bibliography

1. Usenko L.N., Sheravner V.M., Timofeeva Yu. V. Modern methods of economic analysis and forecasting in national economy industries: monograph. – M: Vuzovskaya kniga, 2014. – 322 p.

2. M. Leber, M. Bastiča, M. Mavriča, A. Ivanišević. VA as an integral part of a new product development / Procedia Engineering 69, 2014. PP. 90 – 98. – Elsevier Science Publishing.

3. K. Crow. Value analysis and function analysis system technique. DRM Associates, 2002. http://www.npd-solutions.com/va.

4. SCAV/CSVA - Société Canadienne d'analyse de la valeur. Canadian society of value analysis. http://www.scav-csva.org/fast.php

Исраилова Э.А.

кандидат экономических наук, доцент кафедры экономической теории
Ростовского государственного экономического университета (РИНХ)
Elima84@mail.ru

ПРЕИМУЩЕСТВА ИНТЕГРАЦИИ РОССИИ В ЕВРАЗИЙСКИЙ ЭКОНОМИЧЕСКИЙ СОЮЗ

Идейной основой евразийской интеграции является общность исторических корней, наряду со складывавшимися столетиями кооперационными связями в экономике. Главную интегрирующую роль осуществляет идея объединения экономических потенциалов в целях повышения конкурентоспособности. В дальнейшем она должна развиваться, опираясь на общее духовное наследие народов и вбирая в себя современную парадигму устойчивого развития, цели повышения качества жизни граждан, принципы общей ответственности участвующих в процессе интеграции государств за будущее человечества.

Основной принцип евразийской экономической интеграции - получение относительной выгоды всеми странами объединения вне зависимости от их экономического потенциала, а также обеспечение равноправного доступа к преимуществам экономической интеграции для всех хозяйствующих субъектов на территории Единого экономического пространства. [1, 37]

Интеграция в Евразийский экономический союз – это не только взаимное приспособление, взаимодействие, объединение национальных хозяйств, интернационализация хозяйственной жизни, но и восстановление, восполнение некоторого единства – то есть это новая целостность.

Экономическая целесообразность формирования Таможенного союза, а затем и Единого экономического пространства, определена рядом объективных преимуществ интеграции. Помимо расширения рынка сбыта товаров, формирование единой таможенной территории создает условия для восстановления трансграничной научно-технической и производственной кооперации предприятий, выпускающих продукцию с высокой добавленной стоимостью. Благодаря устранению таможенных, торговых и технических барьеров, снижение издержек производственной кооперации способствует экономическому росту государств-участников и повышает их конкурентоспособность.

Другим существенным преимуществом интеграции является снижение транзакционных издержек. Создание Таможенного союза означает существенное снижение издержек при совместном производстве товаров, повышение конкурентоспособности и расширение рынков сбыта. Последовательное расширение этого рынка делает нашу экономику более устойчивой к влиянию глобального кризиса, расширяет возможности развития.

Образование Таможенного союза России, Беларуси и Казахстана означает создание общего рынка товаров с классическими эффектами увеличения масштаба и разнообразия, способствующее повышению эффективности и росту экономического потенциала стран-членов. Оценки макроэкономического эффекта интеграции, полученные в результате вариантных расчетов по макроструктурной интегрированной модели межотраслевого баланса государств-членов ТС, показали возможность дополнительного прироста ВВП до 15% или около триллиона долларов в расчете до 2030 года, в том числе в России — 632 млрд. долларов, в Белоруссии — 170 млрд. долларов, в Казахстана — 107 млрд.долларов. [2]

Странам-членам Таможенного союза во взаимной торговле удалось достичь более высокой степени диверсификации товарной структуры, чем во внешней торговле с третьими странами. Большую долю занимает продукция с высокой степенью переработки. Если во внешней торговле 72,6% экспорта пришлись на минеральные продукты, то во взаимной торговле – только 41,1%. Машины, оборудование и транспортные средства занимают 19% объема взаимной торговли, в то время как доля продаж этих товаров за пределами Таможенного союза составляет лишь 2,4% совокупного экспорта. Еще 12,7% приходятся на металлы и изделия из них, 9,3% — на продовольственные товары и сельхозсырье, 9,1% — на продукцию химической промышленности, 8,8% — на прочие готовые товары.[5]

В современных интеграционных объединениях для их участников важно иметь равные возможности по извлечению экономических плюсов от самого факта регионального объединения. Соответственно, интеграция на базе инфраструктурной общности может наиболее полно отвечать интересам всех участников таких объединений.

Энергетика служит одним из наиболее очевидных примеров такой инфраструктурной общности.

В настоящее время действующие страны - участницы регионального объединения уже могут сформировать, наряду с единым таможенным и экономическим пространством, единое энергоинфраструктурное пространство Союза, основой которого может стать обновленное и модернизированное общее инфраструктурное наследие СССР. В этой связи представляется целесообразным гармонизировать работу общих энерготранспортных систем (нефте- и газопроводов, линий электропередач и пр.) для удовлетворения нужд экономик трех стран, а также сформировать единый план дальнейшего развития энергетической инфраструктуры Союза.[4, 95]

Для многих стран СНГ Россия выступает крупным, практически безальтернативным рынком для их традиционных товаров, трудовой миграции и услуг, прежде всего транспортных и туристических. Доля России в экспорте ее партнеров по СНГ в 2008 г. колебалась от 1% у Азербайджана до 32% у Беларуси, а в импорте - от 7% у Грузии до 60% у Беларуси.[3, 9]

Для партнеров по СНГ Россия - крупный и довольно богатый рынок, на котором можно найти спрос для своих товаров и услуг; заинтересована и Россия в рынках стран СНГ, особенно если удастся повысить уровень платежеспособного спроса населения. Страны СНГ важны для России и как источник дешевой рабочей силы разной квалификации, за счет которой создается не менее 5% ВВП России.

Для направления процесса евразийской интеграции на решение целей экономического развития необходима разработка и принятие Единой стратегии торгово-экономической политики ЕЭП, концепций единой промышленной и сельскохозяйственной политики, а также планов их реализации. Это предполагает гармонизацию национальных и союзных политик развития: промышленной, сельскохозяйственной, научно-технической, энергетической, транспортной и др.

Ставшая особенно очевидной на фоне глобального кризиса объективная необходимость повышения конкурентоспособности и эффективности наших экономик, требует скорейшего углубления и расширения евразийской интеграции.

Литература:

1. Бордачёв Т., Островская Е., Скриба А. Выбор и вызов евразийской интеграции // Россия в глобальной политике, № 5, Том 11, 2013. С. 37.
2. Глазьев С. Перспективы Евразийского Союза. http://infopobeda.ru/?p=141
3. Глинкина С., Орлик И. Евразийская идея на постсоветском пространстве // Новая и новейшая история, № 2, 2012. С. 9.
4. Громов А. О Евразийской энергетической доктрине // Международная жизнь, № 7, Июль 2012. С. 95.
5. http://www.eurasiancommission.org/ru/act/integr_i_makroec/dep_stat/trade/stat_publ/Pages/default.aspx

Каськова Н.В.
аспирант кафедра судебной экспертизы и криминалистики, ассистент
кафедры административного и международного права Белгородского
государственного национального исследовательского университета
Nata080609@rambler.ru, kaskova_n@bsu.edu.ru

О ПОНЯТИИ И СТРУКТУРЕ КРИМИНАЛИСТИЧЕСКОЙ ХАРАКТЕРИСТИКИ НАСИЛЬСТВЕННЫХ СЕКСУАЛЬНЫХ ПРЕСТУПЛЕНИЙ, СОВЕРШЕННЫХ В ОТНОШЕНИИ МАЛОЛЕТНИХ ДЕТЕЙ

Криминалистическая характеристика преступлений – это взаимосвязанная система индивидуальных особенностей определенной категории преступлений, характеризующих обстановку, способ, механизм подготовки и совершения преступления, личность преступника и потерпевшего, а также иные элементы криминальной деятельности, имеющие значение для выявления, раскрытия и предупреждения преступлений.

С учетом изложенного, по нашему мнению, в структуре криминалистической характеристики насильственных сексуальных преступлений, совершенных в отношении малолетних детей, целесообразно рассматривать следующие элементы:

1. Сведения об обстановке совершения преступления.

Расследование половых преступлений всегда начинается с выяснения когда и где оно было совершено, поэтому, «не получив ответа на вопрос о времени и месте преступления, трудно, а зачастую просто невозможно установить другие обстоятельства содеянного и преступного»[1,91]. Однако это не исчерпывающий перечень элементов, входящих в обстановку преступного деяния. Сюда могут быть отнесены объекты, явления, процессы, характеризующие вещественные, природно-климатические, производственные, бытовые и иные условия окружающей среды.

2. Сведения о способе совершения преступления.

Под способом совершении преступления принято понимать объективно и субъективно обусловленную систему поведения субъекта до, во время и после совершения преступления, оставляющую различного рода характерные следы вовне, позволяющие с помощью криминалистических приемов и средств получить представление о сути произошедшего, своеобразии преступного поведения правонарушителя, его отдельных личностных данных и соответственно определить наиболее оптимальные методы решения задач раскрытия преступления[2,37]..

Анализ существующей судебно-следственной практики показал, что большинство насильственных преступлений сексуального характера совершаются путем применения насилия или угроз его применения. С учетом огромной латентности этих преступлений очень проблематично доказать факт совершения преступления, ведь жертва в большинстве случаев находится в беспомощном состоянии.

3.   Сведения о личности преступника.

Уголовно-правовые и криминалистические исследования показали, что любая личность имеет свои характеристики. Это имеет отношение не только к конкретному человеку, но и к определенному социальному типу личности. Последнее позволяет говорить о таких типизированных лицах, как личность убийцы, личность хулигана, личность насильника[3,30].

4.   Сведения о личности потерпевшего - малолетнего ребенка.

По сравнению с 2003 годом количество сексуальных преступлений против детей в России увеличилось в 30 раз, педофилов стало больше в 3-4 раза. А численность детей ежегодно на 3% уменьшается. В прошлом году, как показывает МВД, от рук педофилов пострадало свыше 4090 детей, 1574 погибло и столько же пропало бесследно.

К сожалению, серьезных научных исследований насильственных сексуальных преступлений, совершенных в отношении малолетних детей на сегодняшний день очень мало. При этом если в различных исследованиях механизм сексуальных преступлений еще как-то описывается, то изысканий по поводу механизма преступного поведения, связанного с совершением насильственных сексуальных преступлений в отношении детей нет. Как нет и глубоких криминалистических данных о потерпевших – малолетних детях. Если же они и встречаются, то раскрывают данную проблему, как правило, или с уголовно-правовой точки зрения или с криминологической позиции. Что с нашей точки зрения является серьезным упущением.   Подводя   итог вышесказанному, считаем необходимым указать на тот факт, что рассматриваемые нами преступления обладают высокой общественной опасностью, так как посягают на его нормальное физическое развитие, на его правильное формирование, физическое, психическое и половое развитие. Правильное установление всех элементов криминалистической характеристики сексуальных преступлений, совершенных в отношении малолетних детей,   позволит на первоначальном и последующем этапах расследования диагностировать следственные ситуации, определить направление расследования, выдвинуть следственные версии, определить оптимальные пути их проверки, принять правильные тактические решения.

Литература

1. Образцов В.А. Выявление и изобличение преступника. М.:Юрист,1997.-С.91

2. Криминалистика: учебник /отв.ред. Н.П. Яблоков. 2-е изд., перераб. и доп. М.: Юрист, 2001.С.37

3. Буева Л.П. Человек: деятельность т общение. М., 1978. С.30;

Стукалова Д.Д.
старший преподаватель кафедры гражданского права и процесса
АНОО ВПО "Межрегиональй институт кономики и права при
Межпарламентской Ассамблее ЕврАзЭС"

IMPLEMENTATION OF THE PRINCIPAL OF JUDISIAL INDEPENDENCE IN UKRAINE AT THE PRESENT STAGE

According to Art. 126 of the Constitution of Ukraine "The independence and immunity of judges are guaranteed by the Constitution and the laws of Ukraine. Influencing judges in any manner is prohibited." [1]

However, is it possible to comply with these provisions of the Ukrainian Constitution during public unrest and political upheaval?

Art. 1 of Law of Ukraine "On the Judiciary and the Status of Judges"[2], specifying the above mentioned provisions of the Constitution states: "Based on the constitutional principle of division of powers, judicial power in Ukraine shall be exercised by independent and impartial courts created pursuant to law."[1]

As it is stated in Part 1 of Art. 47 "In their professional activities, judges shall be independent of any undue influence, pressure or interference. A judge shall administer justice on the basis of the Constitution of Ukraine and laws of Ukraine and in doing so shall be guided by the rule of law principle. Interfering with a judge's administering justice shall be prohibited and punishable in accordance with the law." [2]

However , in accordance with Art. 12 of the same Law "in courts, along with the state language may be used other regional languages or minority languages in accordance with the Law of Ukraine "On Ratification of the European Charter for Regional or Minority Languages" in accordance with the procedure established by the procedural law. "[2]

Thus, one of the first decisions taken by the Ukrainian "new government" under the influence of Maidan to abolish the use of Russian and other minority languages in Ukraine violates the constitutional right to use regional languages in the legal proceedings, and thereby complicates the status of participants with poor knowledge of the Ukrainian language in the trial.

According to subparagraph 9 paragraph 4 of Art. 47 independence of a judge is also ensured by functioning of bodies of judicial self-government, which is the Congress of Judges.[2]

April 7, 2014 Activists of the Ukrainian nationalist movement "Right sector" stormed the building of the Supreme Court of Ukraine on the street Orlyk in Kiev. At 10:30 about 100 activists blocked the Court building. Activists surrounded its perimeter and blocked all the entrances. Among them are representatives of the Right Sector and Avtomaydan. Employees of the Supreme Court entered the building through the back entrance, but activists noticed them. Congress delegates were taken out of the building. After this protesters made a live corridor, which all the judges passed through on the way out of the building to cries of "Shame!" and "Lustration!". The force was used to some delegates, in particular to the head of the Supreme Council of Justice and former Minister of Justice Oleksandr Lavrynovych, the member of the Supreme Council of Justice Vladimir Kolesnichenko, the head of the Council of judges of economic courts Arthur Emelyanov, the acting head of the Supreme Administrative Court Michael Tsurkan and the head of the Council of local courts Paul Gvozdik. Activists pushed and kicked delegates, pulled their clothes, flicked the foreheads and spat at them. The correspondent of RBC mentioned that Lavrynovych's forehead even turned red from the flicks. [3]

And what is lustration?

According to Wikipedia, Lustration is the government process regulating the participation of former communists, especially informants of the communist secret police, in the successor political appointee positions or in civil service positions in the period after the fall of the various European Communist states in 1989 – 1991. It also applies more broadly to the process of nations dealing with past human rights abuses or injustices that have occurred. According to the idea the process of lustration gives legitimacy to the new government by a decisive break with the practice of the old regime seen as criminal and lawless. [4]

So what independence of judges in Ukraine today can we speak of if judges work in fear and under the pressure, are unable to meet for their Congress, and can suffer from so-called "lustration" only for honest and faithful performing of their functions before appearance of new "power" in Ukraine?

Verkhovna Rada of Ukraine is now examining the first of a series of lustration laws which can result in losing their positions for hundreds of people. Bill on lustration of judiciary has already passed its first reading. The list of lustration includes 145 names and 43 judges among them. The bill did not find tangible support in the Parliament - a willingness to vote for it showed only deputies of the Vitali Klitschko's "UDAR" party.

Verkhovna Rada started lustration of judges. 233 deputies voted for the draft Law of Ukraine "On restoring confidence in the judicial power in Ukraine" № 4378-1 during the first reading.

The bill defines the legal and organizational principles of a special audit of judges at courts of general jurisdiction. Inspection shall be conducted within a year by a temporary special commission. Judges who made decisions on restriction of the rights of citizens on carrying out gatherings, meetings and demonstrations during the period from November 21, 2013 to coming of the law into effect now should be carefully inspected.

Judges who made the decision on detention and administrative decisions handed down to people recognized as political prisoners for acts related to their political and social activities, or if such decisions were taken against participants of mass protests in the period from 21 November 2013 until the coming of the law into effect will be checked as well. [5]

The mechanism of removal of a judge in the law cannot be substituted for any lustration. Conditions of removal of judges are stated in Art. 100 of the Law which says that a judge of a court of general jurisdiction shall be removed from office by the body which appointed or elected him/her exclusively on the grounds set forth in part five, Article 126 of the Constitution of Ukraine, upon a motion by the High Council of Justice.

Requirement for the lustration of judges did not come from the High Council of Justice and could not be considered by the Verkhovna Rada, as initiators of the bill did not have such authority .

According to Art. 126 of the Constitution of Ukraine "A judge is dismissed from office by the body that elected or appointed him or her in the event of:

1) the expiration of the term for which he or she was elected or appointed;

2) the judge's attainment of the age of sixty-five;

3) the impossibility to exercise his or her authority for reasons of health;

4) the violation by the judge of requirements concerning incompatibility;

5) the breach of oath by the judge;

6) the entry into legal force of a verdict of guilty against him or her;

7) the termination of his or her citizenship;

8) the declaration that he or she is missing, or the pronouncement that he or she is dead;

9) the submission by the judge of a statement of resignation or of voluntary dismissal from office."[1]

Let's look into the powers of those who chose or appointed the judge to a position, in other words those who have the right to discharge the judge from a position.

First appointment to a judicial position shall take place exclusively following the procedure defined by Art. 66 of the Law after recommendation of the High Qualifications Commission of Judges of Ukraine, the High Council of Justice considers the issue of appointing the candidate to the judicial position and in case of a positive decision considers the issue of submitting a motion to the President of Ukraine for appointment of the candidate to a judicial position. Only after this the President of Ukraine shall take a decision on the candidate's appointment to the judicial position. [2]

Thus, the decision of the dismissal of the first appointed judges is under the exclusive competence of the President of Ukraine at the appointment of the High Council of Justice.

A judge whose tenure of judicial office has expired, upon his/her application has to be recommended by the High Qualifications Commission of Judges of Ukraine to be elected to a lifetime judicial position by the Verkhovna Rada of Ukraine. [2]

Thus, judges with a lifetime judicial position may be removed from office by the Verkhovna Rada of Ukraine at the appointment of the High Council of Justice.

The very fact of consideration of the bill by the Verkhovna Rada on lustration of judges is illegal because it was not initiated by the High Council of Justice and so violated the Constitution of Ukraine and the generally recognized principle of international law - the independence of judges.

Studying Ukrainian media articles calling for lustration of judges shows that the authors of these articles do not know not only laws, but even the Constitution of their own country. Moreover, they do not even understand the meaning of the term "lustration" itself, and that the lustration cannon be applied to judges because The Constitution and the Law clearly define the procedure for removal of judges who violated the law or the oath.

In cases when the European Court of Human Rights officially recorded human rights abuses by Ukrainian judges, these judges should be immediately identified and dismissed in accordance with the provisions of the Constitution of Ukraine.

Offered by Ukrainian journalists and publicists lustration in this case becomes a gross violation of the law, which will cause more harm than keeping judges, who the authors consider unworthy, at their positions. The struggle for justice must be conducted legally, because the illegal way is always unjust.

Chairman of the Council of Judges of Ukraine Yaroslav Romaniuk believes that there is no need to carry out lustration in the judicial system. The head of department considers that 99% of judges work selflessly. He said this at a press conference on August 14. "In my opinion no lustration is needed." - stated Romaniuk, answering the question if the lustration in the judiciary is needed to restore public confidence in the courts after politically influenced decisions of the Ukrainian courts.

"I, like no one else, know the real situation in the judicial system. And I know that, most, up to 99% , of people there work selflessly and every day make decisions based on the law, and these decisions are fair, "- said Romaniuk . [6]

Romanyuk considers it wrong that single cases of illegal decisions form the general opinion about work of judicial system as a whole.

He highlighted that at the moment Council has developed a new draft code of judicial ethics, which will be introduced to the judiciary.

It is difficult to disagree with the Head of the judicial department who suggests strict observing the law, including concerning the judges who have broken it.

The leader of Batkivshchyna fraction Arseniy Yatsenyuk aslo expressed his opinion on this issue on Channel 5 on February 2. He supposes that Ukraine needs the lustration of judges. "I see no other way out for Ukraine but a full lustration of all judicial structure," - said the politician. According to Yatsenyuk lustration procedure for judges will be provided by constitutional reform that opposition will offer soon. "There will be a separate article with specific transitional provisions, which will provide a full lustration of entire judiciary," - the oppositionist emphasized. [7]

How great is democracy which demands dismissal of 99% of honest and conscientious judges who strictly observed the Constitution of Ukraine and its laws, dismissal initiated only because they honestly carried out justice before Yatsenyuk got the power.

1.   Constitution of Ukraine from 8.12.2004
2.   Law of Ukraine "On the Judiciary and the Status of Judges"
3.   "Right sector" stormed the Supreme Court of Ukraine. RBK Ukrain // http://top.rbc.ru/politics/07/04/2014/916126.shtml
4.   Wikipedia, the free encyclopedia // https://en.wikipedia.org/wiki/Lustration
5.   Verkhovna Rada started lustration of judges // http://atn.ua/politika/verhovnaya-rada-pristupila-k-lyustracii-sudey
6.   The Judicial Council opposes lustration in the judicial system // http://lb.ua/news/2012/08/14/165628_sovet_sudey_vistupaet_protiv.html
7.   Yatseniuk proposes that judges lustration // http://news.bigmir.net/ukraine/790286-Yacenuk-predlagaet-provesti-lustraciu-sydei

Непомнящих А.А.
магистрант, Волгоградский государственный университет
Заболева М.В.
ассистент, Волгоградский государственный университет

ПРЕДВАРИТЕЛЬНАЯ РАБОТА УЧАСТКОВОЙ ИЗБИРАТЕЛЬНОЙ КОМИССИИ СО СПИСКОМ ИЗБИРАТЕЛЕЙ

Значение предварительной работы со списками избирателей сложно переоценить в связи с тем, что, с одной стороны, они являются главным инструментом реализации активного избирательного права. Именно включение гражданина в список избирателей на одном из избирательных участков является основанием для выдачи ему избирательного бюллетеня, т.е. для предоставления ему возможности проголосовать. С другой стороны, на основании данных из списка избирателей заполняется часть строк итогового протокола участковой избирательной комиссии. Эти строки протокола имеют значение для контроля за соблюдением закона в ходе голосования и подсчета голосов.

В соответствии с ч. 11-13 ст.17 Федерального закона № 67-ФЗ первый экземпляр списка избирателей, подписанный председателем и секретарем территориальной избирательной комиссии и заверенный ее печатью, передается по акту в соответствующую участковую комиссию не позднее, чем за 10 дней до дня голосования. Второй экземпляр в машинописном виде хранится в территориальной избирательной комиссии и используется (в том числе при проведении повторного голосования) в порядке, устанавливаемом Центральной избирательной комиссией Российской Федерации.

Согласно п. «б» ч. 6 ст. 27 Федерального закона № 67-ФЗ в компетенцию участковой избирательной комиссии по работе со списком избирателей входит: а) уточнение списка избирателей; б) ознакомление избирателей с данным списком; в) рассмотрение заявлений об ошибках и о неточностях в данном списке; г) разрешение вопросов о внесении в него соответствующих изменений.

Положения рамочного федерального закона, конкретизируются также Федеральным законом от 18.05.2005 № 51-ФЗ "О выборах депутатов Государственной Думы Федерального Собрания Российской Федерации" (далее - Федеральный закон № 51-ФЗ) и Федеральным законом от 10.01.2003 № 19-ФЗ "О выборах Президента Российской Федерации" (далее - Федеральный закон № 19-ФЗ). К тому же, специально для проведения избирательных кампании 2011-2012 года Центральная избирательная комиссия РФ приняла Постановление от 14.07.2011 № 20/216-6 "Об Инструкции о составлении, уточнении и использовании списков избирателей на выборах депутатов Государственной Думы

Федерального Собрания Российской Федерации шестого созыва и на выборах Президента Российской Федерации".

К тому же, в Волгоградской области, например, при проведении избирательных кампаний 2011 - 2012 года для удобства суммирования результатов уточнения списков избирателей членами каждой участковой избирательной комиссией по итогам голосования составлялась таблица «Сведения по уточнению списка избирателей», которая прилагалась к списку избирателей при отправке избирательной документации в вышестоящую избирательную комиссию.

Не смотря на довольно широкие полномочия по уточнению списка избирателей, предоставленные участковой избирательной комиссии, часто результаты этой работы остаются незаметными при составлении территориальной избирательной комиссией списка избирателей к последующим выборам. Приведем пример. Между избирательными кампаниями по выборам депутатов Государственной Думы Федерального Собрания VI созыва 4 декабря 2011 года и выборами Президента РФ 4 марта 2012 года прошло всего несколько месяцев, и логично было бы предположить, что работа по уточнению списков избирателей в этот период носила максимально эффективный характер. Однако, члены участковой избирательной комиссии № 1007 Центрального района г. Волгограда столкнулись с тем, что 1 человек, исключенный из списка избирателей, был снова внесен в него и 6 человек, чье место регистрации, находилось на территории соответствующего избирательного участка, внесенных в дополнительный список, были снова не включены в основной список. Этот факт свидетельствует о том, что даже в короткий промежуток между избирательными кампаниями, работа по уточнению списков избирателей ведется некачественно.

На наш взгляд, проблема уточнения списка избирателей одной из причин своего существования обязана отсутствию фактического взаимодействия участковых избирательных комиссий, в компетенцию которых входит уточнение списков избирателей, и территориальных избирательных комиссий, в компетенцию которых входит их составление. Таблица, содержащая сведения об уточнении списка избирателей, содержит общие сведения об избирателях и носит обобщающий характер, не позволяя устранять конкретные недостатки списков избирателей. Поэтому избирательным комиссиям субъектов РФ необходимо, на наш взгляд, организовать процедуру совместной работы участковых избирательных комиссий и территориальных избирательных комиссий по уточнению списков избирателей и создать нормативно-правовую базу, закрепляющую основы данной формы работы.

Судебные дела, возникающие из правоотношений при учете и регистрации избирателей, составлении списков избирателей, чаще всего связаны с разрешением спора о включении или не включении в списки избирателей. Судебная практика при разрешении подобных споров исходит из приоритета места регистрации над местом фактического проживания гражданина [1,1].

Обычно суды связывают включение в список избирателей с наличием факта регистрации гражданина на соответствующей территории. Так, решением Басманного районного суда г. Москвы от 13 сентября 2001 г. Ф. отказано в удовлетворении жалобы на не включение в список избирателей. Суд установил, что Ф. является переселенкой, ранее проживала в г. Грозный Чеченской Республики, в г. Москве фактически проживает в вагончике церковного храма. Тем не менее, суд заявил, что факт постоянного или преимущественного проживания в Москве должен быть установлен органами регистрационного учета, а Ф. не имеет регистрации в Москве [2, 177].

Суды также отказывают в удовлетворении заявлений граждан, которые требуют исключения их из списков избирателей в связи с нежеланием участвовать выборах. Так, Г., получив в ЦИК РФ отказ в удовлетворении заявления об исключении из списков избирателей, потому что не желает участвовать в выборах Президента РФ, обжаловал бездействие ЦИК РФ в районный суд. Районный суд, а затем Московский городской суд (определение от 24 февраля 2008 г.) отказали Г. в удовлетворении жалобы, так как исключение из списка избирателей по мотивам, изложенным заявителем, избирательным законодательством не предусмотрено. [2, 180].

Целесообразно подчеркнуть, что действующая процедура составления списков избирателей вообще не предполагает не включение или исключение избирателя из списка по его желанию. Каждый избиратель независимо от его желания. Каждый избиратель независимо от его желания включается в один из списков избирателей. Таким образом, гражданин не может отказаться от конституционного права избирать, но он может отказаться от реализации этого права.

Литература:

1. Определение Верховного Суда РФ от 7 декабря 2003 года (Дело № 5-Г03-143) [Электронный ресурс]. URL: uristu.com/library/verkhovnyy/verhsud_big_29687/
2. Колюшин Е.И. Выборы и избирательное право в зеркале судебных решений: монография/Е.И.Колюшин. - 2-е изд., перераб. и доп. - М.: Норма: ИНФРА-М, 2012. – 384 с.

Глушко О.А.
доцент, к.ю.н. ФГБОУ ВПО «Кубанский государственный аграрный университет»

ПРОБЛЕМЫ СООТНОШЕНИЯ ОБЩЕСТВЕННОЙ И НАЦИОНАЛЬНОЙ БЕЗОПАСНОСТИ

Ключевые слова: общественная безопасность, угрозы безопасности, безопасность жизнедеятельности, национальная безопасность, объекты безопасности, методов обеспечения безопасности.

Аннотация: в статье предпринята попытка рассмотреть один из дискуссионных вопросов современной теории безопасности проблему соотношения общественной и национальной обязанности, предлагает авторское видение данной проблемы, обосновывается целесообразность признания первичность общественной безопасности в системе многообразных видов безопасности общества.

В научной литературе достаточно дискуссионным является вопрос о соотношении общественной и национальной безопасности. Большинство ученых высказывают мнение о том, что национальная безопасность является всеобъемлющим понятием, охватывающим все виды безопасности в обществе [9,27;6,147;1,27;2,33;3,69;8,41]. Другие ученые считают, что общественная безопасность является первичной, а все иные виды социальной безопасности являются производные от нее [7,3;11,40]. При меньшинстве сторонников второго подхода, вместе с тем следует признать обоснованным первичность общественной безопасности перед другими ее видами.

В общественных науках справедливо отмечается, что национальная безопасность есть «основа безопасности конкретного здорового общества. Именно здоровое общество, эволюционно на протяжении всей доисторической и исторической эпохи последовательно проходя все формы развития этноса, поднялось в своем развитии до стадии «народ» и обрело способность к формированию национального концептуально независимого суверенного государства. Государственная безопасность, таким образом, очень узкая сфера применения категории безопасности. Здесь практически идет речь только о безопасности аппарата образующего государственную надстройку над конкретным народом. При этом государственная безопасность может противоречить интересам национальной и общественной безопасности. Как это часто бывало в истории, например оккупационные и узурпаторские режимы» [7,3]. Данный подход является достаточно привлекательным и весьма обоснованным, но с отдельными замечаниями. Так, вряд ли можно признать обоснованным утверждение о том, что государственная безопасность является самостоятельным видом общественной безопасности, как родового явления. Определяя государственную безопасность как безопасность аппарата образующего государственную надстройку над конкретным народом, приведенные авторы не учитывают, что данный организационный аспект определения государства не является фактически признанным в современной науке, более того фактически противоречащий реальной сущности государства. В этой связи мы не видим разницы между национальной и государственной безопасностью. Вместе с тем мнение ученых о том, что национальная безопасность является видом общественной безопасности (безопасности общества) может быть признана убедительной по следующим основаниям. Во-первых, важнейшим предназначением безопасности является обеспечением нормального функционирования общества (социума) и отдельной личности. Во-вторых, государство есть важнейшая политическая организация данного общества. В-третьих, обеспечение безопасности общества от различных внутренних и внешних угроз есть центральная задача любого государства вне зависимости от его политико-правового режима. В-четвертых, безопасное состояние общества есть залог безопасного состояния государства, т.е. первичным является безопасность личности, социальных групп и общества в целом.

Многие ученые отмечают, что исследование общественной безопасности, как таковой, является малопродуктивным и поэтому они акцентируют на внимание на изучении национальной безопасности, как фактора обеспечивающего жизнедеятельность нации, проживающей в пределах определенного государства. Так, В.Н. Кузнецов национальную безопасность определяет как «ключевое, базовое понятие, характеризующее защищенность всех систем жизнеобеспечения общества, человека и государства, их целей, идеалов, ценностей, интересов от внутренних и внешних угроз, способность противодействовать, своевременно адаптироваться к новым условиям развития как в сфере природы, окружающей среды, так и к тенденциям, закономерностям мирового и национального развития» [6,147]. Национальная безопасность в свою очередь является подсистемой более общей системы - глобальной международной безопасности, под которой приведенный автор понимает как «сетевую устойчивую совокупность положений международного права, норм и процедур, разработанных международными организациями для обеспечения мира, справедливости, достоинства, благополучия на основе международного (глобального) гуманитарного стратегического компромисса по поводу безопасности каждого человека, каждого народа, каждого государства» [6,135]. В.А. Прокофьев считает, что национальная безопасность не тождественна государственной безопасности, так как национальная безопасность – это безопасность нации, где она является определенной совокупностью людей, осознающая некоторые общие интересы [10,58]. Представляется, что данный подход, хотя и является весьма справедливым и обоснованным, но все же прикладным. Анализ данного подхода позволяет признать, что общественная безопасность и национальная безопасность соотносятся как целое и часть, где национальная безопасность, как явление, имеет ограниченный характер, предопределяемый ареалом существования определенной нации, как части человечества. Саму же категорию «общественная безопасность» В.Н. Кузнецов определяет как «состояние, условия и характер жизнедеятельности государства и общества, при которых граждане, социальные группы, создаваемые ими объединения свободно действуют в соответствии с их собственной природой и предназначением и способных нейтрализовать внешние и внутренние угрозы. Общественная безопасность охватывает экономический и социальный уклады жизни общества, общественное достояние и собственность, общественные институты и организации, национальные обычаи и традиции, среду жизнедеятельности, материальные и духовные ценности. Её обобщенными характеристиками выступают социальное партнерство, межнациональное согласие и гражданский мир. Свое непосредственное выражение общественная безопасность находит в уровне правовой и социальной защищенности человека как от произвола, злоупотреблений государственной власти и её структур, так и от преступных посягательств со стороны частных лиц и групп» [6,150]. Данный подход представляется весьма обширным и охватывающим все аспекты данного явления. Вместе с тем, нам представляется уместным признать, что приведенное определение не позволяет выделить специфические признаки изучаемого явления, определить его особенности. Нет указания на эту систему особенностей и в самой работе приведенного автора.

Изложенные положения позволяют, по нашему мнению, признать, что безопасность общества возникает как естественная и необходимая потребность в формировании нормальных, жизненно значимых условий, в которых данное общество может выжить и выполнять свои социальные функции. Формирование системы общественной безопасности есть явление объективное, обусловленное, во-первых, существующими угрозами социуму. Во-вторых, предопределяется «хаосом», существующим в обществе. Именно преодоление хаоса влечет формирование организованной социальной системы, понимаемой нами как общественная безопасность, а «угроза и борьба с ней являются сущностью безопасности» [12,15]. Именно такая интерпретация безопасности наиболее полно раскрывает сущность исследуемого состояния. В этой связи общественная безопасность по своей сущности является безопасностью социальной. Приведенный подход на соотношения общественной и национальной безопасности позволяет не только сформулировать понятие общественной безопасности, приемлемое для нормативно-правового закрепления, но и очертить элементы его структурного содержания. Общественная безопасность (безопасность общества) – это такое состояние (правопорядок) и административно-правовой режим индивидуальной и общественной защищенности жизненно важных интересов социальной среды от внутренних и внешних угроз, которое обеспечивается посредством системы правовых средств, способов и типов в рамках правовых и организационных отношений, регулируемых нормами права. В свою очередь общественная безопасность складывается из следующих компонентов, раскрывающих ее содержание: а) субъекты общественной безопасности; б) объект общественной безопасности; в) цель общественной безопасности (индивидуальные и общественные интересы); г) система правовых средств, способов и типов обеспечения безопасности, т.е. режимных правил и процедур поведения в рамках административно-правового режима общественной безопасности; д) осуществляется в соответствии со стадиями процесса государственного управления; е) нормативно-правовая основа административно-правового режима.

Список литературы

1. Босхамджиева Н.А. Вопросы понятия «общественная безопасность»: зарубежный опыт // Административное право и процесс, 2011. - №7.

2. Босхамджиева Н.А. Общественная безопасность как социально-правовая категория // Административное право и процесс, 2012. - №11.

3. Возженников А.В. Национальная безопасность: теория, политика, стратегия. – М., 2000. 240с.

4. Кондрашов Б.П. Общественная безопасность и административно-правовые средства ее обеспечения. – М., 1998. 303с.

5. Конин В.Н. Понятие и сущность общественной безопасности // Теория и практика административного права и процесса. Ч.1. – Ростов-на-Дону, 2009. 479с.

6. Кузнецов В.Н. Социология безопасности. Учебное пособие. – М., 2007. 423с.

7. Кузнецов Ю., Никольский В. Введение в теорию национальной безопасности. – М., 2008. 803с.

8. Мальцев В.А. Соотношение и взаимосвязь между различными видами безопасности в России (конституционной, национальной, государственной, общественной, личной, информационной) // Конституция Российской Федерации и развитие законодательства в современный период. Т.1. Материалы Всероссийской научной конференции. – М., 2003.

9. Общая теория национальной безопасности. Учебник. Изд. 2-е. / Под общ. ред. А.А. Прохожева. – М.: РАГС, 2005. 344с.

10. Прокофьев В.А. Национальная безопасность: социально-правовое измерение // Юристъ-Правоведъ, 2004. - №1.

11. Хамхоев Б.Т. Проблемы определения общественной безопасности // Административное право и процесс, 2012. - №11.

12. Ярочкин В.И., Бузанова Я.В. Теория безопасности// Академический проспект, 2005. 176с.

www.ingramcontent.com/pod-product-compliance
Lightning Source LLC
Chambersburg PA
CBHW051801170526
45167CB00005B/1836